El presente libro es una versión facsimilar de la edición original de El Colegio de México, que ha sido rescatada mediante un trabajo profesional de escaneo para mantener la obra en circulación.

JORNADAS 105

EL COLEGIO DE MEXICO

CENTRO DE ESTUDIOS HISTORICOS

María del Carmen Velázquez

Notas sobre sirvientes de las Californias y proyecto de obraje en Nuevo México

JORNADAS 105
EL COLEGIO DE MEXICO

Fotografía de la portada: "Fuente de la misión de San Fernando Rey" de Hugo Rudinger. Tomada del libro *Architecture of the California Missions*, University of California Press, Berkeley at Los Angeles.

Primera edición 1984, El Colegio de México

Camino al Ajusco 20
10740 México, D.F.

Impreso en México-*Printed in Mexico*

ISBN 968-12-029d88 (versión original)
978-968-120-298-9 (versión facsimilar)

INDICE

Tabla de equivalencias

Una caballería de tierra = 43 hectáreas
Una fanega de maíz = 12 almudes o 48 cuartillos
Un almud de maíz = 4 cuartillos
Una arroba = 25 libras
Una libra = 16 onzas
Una vara = 835 milímetros y 9 décimas
Un peso = 8 reales o 96 granos
Un real = 12 granos

INTRODUCCION

La historia de la época virreinal de las Californias se cuenta en diferentes versiones pero se apoya en los mismos hechos. Quizá las diferencias de interpretación que se advierten en los textos sean consecuencia del difícil manejo de los testimonios en que se basan, así como en la selección que de ellos se ha hecho. Empezando por la documentación relativa al visitador Gálvez, que es el personaje con cuya presencia en esa tierra arranca lo que podría ser la historia moderna de California y siguiendo con la expulsión de la Compañía de Jesús de la península, los documentos, aunque abundantes, distan de ser objetivos y confiables.

Esta característica de la historia californiana ya había sido señalada por Alfonso Teja Zabre, quien en sus *Lecciones de California* se pregunta si la locura de Gálvez en Sonora sería fingida y reflexiona que la simulación resultaba peligrosa, pues al mismo tiempo Gálvez, tenía que hacer funcionar la más rígida censura para evitar la difusión de los síntomas de locura. Cuenta también cómo obligó Gálvez al betlemita fray Joaquín de la Trinidad a escribir al virrey lo contrario de lo que había visto. No es fácil llegar a la verdad, dice, entre otras cosas, debido a la reticencia de los documentos oficiales.

Pero aun tratándose de otros asuntos menos escabrosos, circularon entonces noticias contrapuestas sobre la misma situación o suceso. Robert Archibald, en su libro, *The economic aspects of the California missions,* menciona las reservas que tenía Fray Francisco Palou para informar al virrey de la situación por la que pasaban los misioneros.

Otros documentos de la historia de California de esa época, fueron escritos en circunstancias que en nada propiciaban la objetividad: cansado, hambriento y frustrado, escribió Miguel Costanzó su *Diario* de la expedición en busca del puerto de Monterrey, y Matías Armona escribió al virrey para corregir "la mal conservada historia" de las antiguas expediciones y "la menos exacta relación de algunos Pilotos de las Naos de Philipinas".

Otra característica que ha tenido la historia de las Californias hasta el presente es que probablemente los textos con que contamos hayan sido escritos por parte interesada. Primero los jesuitas, después los franciscanos y luego los estadunidenses, sólo eligieron los temas y periodos que, por razones particulares, han querido estudiar sobre el pasado de las Californias.

Es posible que de los autores contemporáneos, Luis Navarro García sea el primero que intenta presentar al visitador Gálvez en su papel de importante agente provocador de la historia del Septentrión, pero sin olvidar enfrentarlo al paisaje natural y cultural en el que desarrollaba su acción, a las opiniones de los hombres que lo rodeaban y a las circunstancias políticas que entonces imperaban.

Quien conozca la geografía de la península de California podrá entender por qué, aún hoy en día, la historia virreinal de esa región occidental se aprende en biografías, unas más elaboradas (como las de Gálvez, Serra, Portolá), y otras más modestas. Estas biografías narran los hechos de hombres que pasaron parte de su vida en unas tierras desoladas e inhóspitas con la esperanza de encontrar los verdes vallecitos, las riquezas minerales, las perlas y los indios sumisos que les confirieran, como a los primeros conquistadores y evangelizadores, honra y provecho.

Hay también libros que reúnen las cartas de misioneros, los diarios de expedicionarios, los informes de funcionarios, papeles que son importantes para recrear la historia de California y aun historias que narran la vida en la península cuando no había allí más que jesuitas e indios gentiles, entre estas historias destaca la de Francisco Xavier Clavijero.

Todo ese material historiográfico proporciona versiones dramáticas de muy diversa índole de la historia californiana.

La expansión española hacia las Californias y hacia otras tierras del Septentrión se inició por urgencias que enfrentaba la política imperial: para defender de la penetración extranjera las costas septentrionales del océano Pacífico y otros puestos de avanzada en el norte del virreinato mexicano. Por tal motivo la Corona española no reparó en gastos ni en las penalidades que sufrían los hombres que enviaba a tan apartados países, pues todo costo en dinero y esfuerzo se justificaba si con él se conseguía preservar la integridad de los dominios americanos.

Esta modalidad de la política de defensa española se presentó en Nueva España en la segunda mitad del siglo XVIII, cuando la monarquía pretendía ajustar su gobierno a normas reformadoras y liberales que modernizaran la administración colonial. Tanto José de Gálvez como después diferentes virreyes y funcionarios, consideraron que defender y poblar las tierras del Septentrión era una buena oportunidad para organizar el gobierno de la lejana provincia dentro de lineamientos modernos y eficaces.

Carlos III había manifestado su intención de "poner en buen orden, felicidad y defensa" sus dilatados dominios de las Américas, y muchos funcionarios tuvieron la misma intención. A pesar de que la nueva jurisdicción de Californias fue considerada como una situación aparte dentro de la administración virreinal, en los desarrollos políticos encontramos algunos claros ejemplos del gobierno ilustrado con los que el rey quería administrar su imperio.

La presente contribución a la historia de Californias, resultado del empeño de don Silvio Zavala por ir conformando la historia del trabajo en Nueva España, se refiere a sirvientes de los "nuevos establecimientos" durante las últimas décadas del siglo XVIII; a aquellos peones y artesanos que labraron la tierra, cuidaron el ganado, molieron el trigo, curtieron las pieles y construyeron casas e iglesias, y también a los que cargaron las embarcaciones y las mantuvieron en condición marinera. Ha sido elaborada con documentos que se conservan en el Archivo General de la Nación en los ramos de Provincias Internas y Californias.

ARTESANOS DE CALIFORNIAS

Al frente de una costosa expedición, en abril de 1768, el visitador José de Gálvez salió de México para ir a combatir a los indios sublevados de Nueva Vizcaya y Sonora. El objetivo de la campaña contra los seris y otras tribus enemigas de los españoles era pacificar el occidente del virreinato, en intermitente estado de guerra desde principios de ese siglo. Gálvez se proponía someter a los indios gentiles al pleno dominio de la autoridad española para poder emprender la explotación de las riquezas mineras y otras que, se creía, abundaban por esos rumbos.

Dentro del plan de pacificación, población y fomento del visitador, estaba introducir el gobierno civil en la península de California, hasta entonces en manos de los misioneros de la Compañía de Jesús. Asimismo, se proponía establecer la comunicación de California con las provincias internas del occidente, para lo cual se emprenderían expediciones de descubrimiento por mar y tierra, que partirían de las poblaciones más septentrionales de Sonora y Nueva Vizcaya.

Estos proyectos de penetración y expansión territorial de Gálvez, que algunos funcionarios peninsulares y del virreinato consideraron extravagantes, tuvieron sin embargo un apoyo circunstancial. Desde las primeras décadas del siglo, partiendo de sus estaciones en Alaska, los rusos exploraban las costas del Pacífico.[1] Para vigilar sus movimientos e impedir que llegaran hasta las costas del virreinato, el rey ordenó que se tomara posesión de los puertos de San Diego y Monterrey y que se poblaran esos nuevos establecimientos.[2] Así, por motivos de política interior y exterior, los proyectos de Gálvez se convirtieron en una gran empresa de conquista y poblamiento del Septentrión de Nueva España.

Por lo que toca a la península de California, en febrero de 1768, Gaspar de Portolá, recién nombrado gobernador interino de Californias (1767), reunió a los misioneros jesuitas y los envió a Guaymas como estaba ordenado, y en seguida se dispuso a partir al norte con las tropas que fueron enviadas desde México para tomar posesión de los puertos de San Diego y Monterrey. Estos dos puertos, así como el de San Francisco, habían sido visitados por navegantes españoles en el siglo XVI, pero habían sido abandonados. No había en ellos ni habitantes españoles ni construcciones de ningún género, sólo algunos indios gentiles en las rancherías de los alrededores.

En julio de 1768, Gálvez "pisó tierra californiana", pasó por el llamado puerto de La Paz, el real de Santa Ana y paró en Loreto con la intención de convertir esta misión en la capital del Departamento del Norte de las Californias. En la Alta o Nueva California, en el puerto de Monterrey, residiría un comandante militar.

[1] Cfr. Alfonso Teja Zabre, *Lecciones de California*, México, D.F., Instituto de Historia, UNAM, 1962, pp. 25ss.

[2] El *Diario histórico de los viajes de mar y tierra hechos al norte de la California*, de Miguel Costanzó, quien acompañó a Portolá en la expedición en busca del puerto de Monterrey, empieza con el siguiente párrafo: "Noticioso el Alto Gobierno de España de las repetidas tentativas de una nación extranjera sobre las costas septentrionales de la California, con miras nada favora-

Durante los últimos meses de su estancia de ocho en la península, Gálvez dictó las primeras órdenes para organizar el gobierno de la nueva jurisdicción.[3] El 1o. de mayo de 1769, se embarcó para Sonora con la intención de ponerse al frente de las campañas contra los indios rebeldes de Cerro Prieto.

A su vez, Gaspar de Portolá, con el capitán Fernando de Rivera Moncada, quedó ocupado en la toma de posesión de los puertos de San Diego, Monterrey y San Francisco. Las antiguas misiones de los jesuitas, únicos focos de población española en la península, quedaron en manos de los franciscanos de Propaganda Fide, quienes habían viajado desde su Colegio de San Fernando de México para hacerse cargo de la evangelización de los indios californios que habían llegado a Loreto en abril de 1768.

Durante los primeros años del gobierno civil y militar, la provincia de California, que comprendía la península propiamente y las costas septentrionales hasta el puerto de San Francisco, no adelantó gran cosa. En 1770, Gaspar de Portolá, quien tuvo que llevar a cabo dos expediciones por tierra para encontrar el puerto de Monterrey, volvió a México. En su lugar fue nombrado Matías de Armona, quien tardó en llegar a Californias.[4] Pedro

bles a la monarquía y a sus intereses, mandó el Rey al marqués de Croix, su Virrey y capitán general de la Nueva España diese eficaces providencias para resguardar (aquella) parte de sus dominios de toda invasión e insulto".

[3] Archivo General de la Nación (en adelante, A.G.N.), *Californias*, vol. 13, exp. 6, ff. 208-260. Ver apéndice 1.

[4] Matías de Armona estaba en la ciudad de México cuando fue encargado del gobierno de Californias, después pasó a Sonora y participó en las campañas de Cerro Prieto. Llegado al real de Santa Ana, acompañado de Joaquín Velázquez de León, a quien el visitador Gálvez llevó a Californias para que juzgara como hombre de ciencia, escribió al virrey Croix una carta en la que le

Fages, comandante militar, quedó encargado de los nuevos establecimientos militares de San Diego y Monterrey, y Felipe Barri quedó como gobernador en Loreto, pero con estos gobiernos no mejoró la situación.

Contribuyó al lento y difícil despegue del gobierno de Californias el cambio de pensamiento que estaba ocurriendo en esas décadas acerca de la utilidad de las

decía, entre otras cosas, lo siguiente: "En todos tiempos se ha creído que la California tiene una precisa conexión con los descubrimientos de la costa de Poniente de la América, pero en éste se ha confirmado esta verdad con la misma experiencia. La parte meridional de esta península es una precisa escala para la comunicación marítima entre México y los nuevos puertos de San Diego y Monte Rey, procedan las embarcaciones del de Acapulco a San Blas y su parte septentrional, es el término de más conquistas espirituales sobre esta costa, de manera que estos descubrimientos deben siempre entenderse como una continuación de la California, y se sostendrían con muy poca solidez, si dejásemos desamparados el largo intervalo que hay desde Vellicatá a San Diego y desde aquel al puerto de San Francisco, con que toda la península es necesaria para sostener esta empresa; y si antes era preciso hacerla subsistir porque se conservara la religión católica de sus infelices naturales, y no fuese alguna vez a separarse de la costa de la Nueva Galicia, Sinaloa y Sonora, ahora es menester añadir la razón de ser un internamiento necesario para poder lograr los países felices que nuevamente se han conocido.

No es ahora el caso una puntual descripción de esta península; bastará decir que estando del toda despoblada de gente española y de castas que en América llamamos gente de razón, en toda la longitud de 300 leguas, contiene solamente seis mil almas de sus naturales, las que necesitan proveerse de tierra firme así de granos como de ropas. Tiene algún ganado vacuno alzado, habiéndose sacado de ella todas las que han sido necesarias para la expedición a San Diego y Monte Rey, de suerte que puede decirse que casi carece enteramente en el día de esta especie de bestias menesterosas y así aunque los descubrimientos de estos puertos se han hecho con la gente de California, con los soldados de su presidio y las bestias de sus misiones, están tan lejos de poder repetir estos esfuerzos que antes necesita reemplazarse de todo lo que ha dado para que pueda subsistir.

misiones como avanzadas de penetración. La conversión del gentil al cristianismo seguía siendo el objeto primordial de la política del rey,[5] pero muchos funcionarios razonaban que los procedimientos de los misioneros eran lentos y nada favorables al poblamiento de las tierras nuevas. Tratándose de una operación que tenía por fin la defensa militar de los territorios, parecía que la fundación de pueblos con gente de otras provincias del virreinato sería más efectiva. Gálvez había dado facilidades para que pobladores de las provincias del centro del virreinato emigraran a Californias. A decir verdad, Gálvez ofrecía las tierras de las Californias como lugares en donde el poblador podría empezar su vida con todas las ventajas de lo nuevo y donde no habría trabas para labrarse una situación ventajosa y holgada, pero muy pocas familias se aventuraron a viajar a tierras en donde todo estaba por hacerse.

Transportar de México o Guadalajara a San Blas y de allí por mar todo lo que era necesario para darle vida a la provincia (funcionarios, soldados, pobladores, armamento, herramientas, efectos, muebles, alimentos, ganado,

Así que no se puede contar con esta península para el fomento de los nuevos descubrimientos, sino mirarla solamente como un lugar preciso para el tránsito y en que se pueden exponer todas las cosas necesarias para este fin y dirigir a su destino, entre tanto que los nuevos países que se supone fértiles tienen tiempo de fructificar y de comunicar sus producciones a lo más septentrional de esta península. . .– Real de Santa Ana de las Californias, día 30 de junio de 1770.– Matías de Armona.– Joaquín Velázquez de León". Fernando Boneu Companys, *Don Gaspar de Portolá. Conquistador y primer Gobernador de Californias,* Lérida, Instituto de Estudios Ilerdense, 1970, pp. 258 ss.

[5] La política de conquista pacífica no era nueva en Nueva España, venía del siglo XVI y su práctica fue recomendada por varios virreyes en el siglo XVIII, especialmente por el virrey Bucareli.

dinero), suponía echar a andar una maquinaria administrativa que había primero que crear. Por supuesto que en los nuevos establecimientos no había sirvientes pobladores novohispanos. A raíz de la expulsión de los jesuitas, llegaron a la nueva provincia soldados al presidio y misioneros a las misiones, junto con unos cuantos indios reducidos y otros "agregados" o "forasteros", insuficientes para desempeñar los menesteres de la vida diaria.

Parece que los misioneros fernandinos estuvieron más interesados en participar en las expediciones militares que buscaban los puertos en la costa californiana, que en atender las catorce misiones que dejaron los padres de la Compañía de Jesús. Siete de los quince que llegaron a Loreto, partieron con los expedicionarios hacia el norte.[6]

Los jesuitas habían logrado formar ranchos anexos a sus misiones de la península, de los que obtenían maíz y otros cereales, caña de azúcar, frutas y otros productos agrícolas, y en los cuales criaban ganado. Las tierras eran trabajadas por indios congregados en las misiones bajo la dirección y supervisión de mayordomos o de los mismos padres. Desde que los fernandinos se hicieron cargo de las misiones, se quejaron del estado de abandono en que estaban ranchos y misiones y de la carencia de sirvientes indios. Las rutinas de trabajo establecidas por los jesuitas, se trastornaron cuando éstos salieron de sus misiones. Los soldados que llegaron en las expediciones se aprovecharon de los mantenimientos que encontraron en los ranchos y huertas de las misiones y muchos indios aprovecharon la ausencia de los jesuitas para volverse a sus rancherías. A esto siguieron la confusión y deserción de indios "de misión", y las precipitadas disposiciones de Gálvez, quien decretó el repoblamiento de real de Loreto con "cien familias de naturales" sacadas de las

[6] Boneau, *op. cit.*, p. 100.

otras misiones, las que habían de trasladarse a Loreto para darle realce a la capital de la península.[7]

Gálvez razonó que, como Loreto había sido la primera fundación española en California, había que conservarle su antigüedad y aprovechar lo que allí había encontrado de "oficinas" de trojes, de herrería y de carpintería. La misión se transformaría en un pueblo, ordenado, sano y hermoso, en cuya construcción debían trabajar de 25 a 50 indios congregados, por turno o tanda, según dispusiese el gobierno, con la advertencia de que se les darían raciones, consistentes en 11 1/2 almud de maíz por familia cada semana, más verdura, fruta y carne de la huerta de San Juan,[8] y de que no se les pagarían salarios ni jornales para no recargar indebidamente la Real Hacienda, a la cual ya ocasionaban muchos gastos. A los oficiales mecánicos y marineros del pequeño Departamento de Marina, que Gálvez ordenó fuera creado en Loreto, se les habían de dar hechas las casas, e imponérseles sólo una pequeña contribución que, con el nombre de reconocimiento, sirviera únicamente para conservar el dominio directo en favor de la Corona.[9]

Asimismo, en ese Departamento de Marina, Gálvez quería que de las misiones antiguas se reunieran hasta cuarenta muchachos huérfanos, de los muchos que había en ellas, quienes "viviendo en comunidad con absoluta separación de la de los indios estén a la dirección, enseñanza y cuidado del R.P. presidente de las misiones fray Francisco Palou. . . a fin de que por orden del jefe de gobierno se vayan poniendo y destinando sucesivamente en las embarcaciones del Rey que al presente hay. . . Y para facilitar que desde luego se congreguen y subsistan

[7] A.G.N., *Californias*, vol. 13, exp. 6, ff. 208-20.
[8] *Ibíd.*, f. 210v.
[9] *Ibíd.*, ff. 214-219.

los cuarenta huérfanos de ocho a doce años de edad cada uno, mando que de las ropas que han de venir próximamente para vestir los naturales desnudos se separen las precisas a dos esquifazones que se han de dar a cada muchacho y que se entreguen por una vez a dicho R.P. presidente cien fanegas de maíz de los Reales Almacenes para ayudar a mantenerlos, entretanto que por la nueva comunidad de indios se hacen las siembras de granos y se logran las cosechas de ellos".[10]

Parece que el visitador, aun apercibido del trastorno que causó en la población nativa la expulsión de los jesuitas misioneros, la llegada de soldados y de gente nueva a la península, y el hambre que podían pasar los nuevos y viejos pobladores de California, no juzgó necesario atemperar sus disposiciones para el fomento de la península.

Al llegar a las misiones, los fernandinos pretendieron tomar posesión de los ranchos anexos a las misiones, pero Gálvez y los militares consideraron que esos bienes pertenecían a las Temporalidades de las comunidades de indios de misión y que los productos se emplearían preferentemente en alimentar a la tropa expedicionaria.[11]

Entre los decretos de Gálvez que tocaba directamente hacer obedecer al padre presidente de las misiones, uno determinaba "el uso que debía hacerse de las temporalidades para mantenimiento de las familias trasladables",[12] otro mandaba que del "rancho nombrado San Juan perteneciente a las temporalidades destinadas a la manu-

[10] *Ibíd.*, ff. 211-211v.

[11] En los documentos relativos a Californias de los años 1767 en adelante, se menciona ya sea la escasez de víveres o la ansiosa espera de envíos de trigo, maíz y carne que les mandarían por barco, o lo poco que podían tomar de los indios como mantenimiento.

[12] Decreto No. 2. A.G.N., *Californias*, vol. 13, f. 205.

tención de las familias transmigrables, se sacaran para las ocurrencias del gobierno las mulas, caballos y bueyes".[13] Asimismo, decretó que lo que se tomara de los ranchos para la tropa fuera por compra: la pasa e higo que se tomó para el Real Almacén y lo que se ministrara a los soldados.[14] Quizá Gálvez esperaba encontrar en las misiones de la península víveres, gente y bestias con qué reforzar a los expedicionarios que iban en busca de los puertos de San Diego y Monterrey, pero la verdad es que la península era pobre, así que los mantenimientos acumulados por los jesuitas, que Gálvez mandó apartar para que se guardaran en los "reales almacenes" y los cuales no deben haber sido otra cosa que las trojes o graneros de los ranchos de los jesuitas, pronto se acabaron.

Las pocas órdenes dictadas por Gálvez para organizar el gobierno de las Californias fueron, unas el resultado de decisiones que había que tomar de inmediato, y otras, de política a seguir en el futuro. Pero debido a su pronta salida de la península, dejó en manos del presidente de los misioneros, fray Francisco Palou, la tarea de cumplirlas,[15] puesto que el gobernador y los militares habían partido hacia el norte. Se reanudó la catequesis en las misiones, pero todo aquello que era del resorte del gobernador fue motivo de disputa entre los misioneros,

[13] Decreto No. 6. *Ibíd.*, f. 206.

[14] Decreto No. 8. *Ibíd.*, f. 206. En 1796, Diego Borica escribía: "Los dátiles, higos, pasas y vino que se cosechan en las misiones antiguas son en tan corta cantidad que casi no merecen la atención del gobierno". *Descripciones económicas y regionales de Nueva España. Provincias del Norte (1790-1814)*, México, D.F., Instituto Nacional de Antropología e Historia, 1976, p. 27.

[15] "Sin embargo de que me es imposible por las urgentes causas que me llevan a la provincia de Sonora detenerme en ésta más tiempo hasta concluir la translación de los indios que sobran en unas misiones y hacen falta en otras de menor población y mayores facultades, dejo cometida la ejecución de este punto

los oficiales y los funcionarios menores que permanecieron en la península.

Quizá porque era la costumbre, los fernandinos nombraron mayordomos que vigilaran el trabajo en los ranchos de las misiones. En el de la misión de Todos Santos el mal trato que los mayordomos Juan Crisóstomo de Castro, José Domínguez y Juan Antonio Espinosa dieron a los indios fue extremo, lo que provocó que Felipe Barri mandara abrir una averiguación para determinar lo que estaba sucediendo.[16] Los sirvientes indios tenían hambre.[17] Comían a mediodía un cocido de bofes, cabeza, patas y huesos de res (probablemente lo que sobraba de la res una vez repartida la ración de carne a los soldados) revuelto con maíz, y en la noche sólo atole.

Los malos tratos y castigos de que eran objeto los indios eran por robo de comida, "hostigados del hambre": calabazas, cañas. Un sirviente comió carne de una mula vieja que murió a orillas del mar y otro de una perra que el mayordomo Castro le mandó degollar para

esencialísimo al gobernador de la península para que dé todos los auxilios y providencias que le pidiere el R.P. Fr. Francisco Palou. . . Loreto 30 de abril de 1769.– José de Gálvez". A.G.N., *Californias*, vol. 13, ff. 213-213v.

[16] "Diligencias judiciales practicadas por orden del señor gobernador desta península de California don Felipe Barri sobre el maltrato que se les da a los indios de la misión de Todos Santos, por los mayordomos de dicha misión. . .", *Ibíd.*, ff. 119-123 v.

[17] El hambre que padecían los indios de las misiones no fue sólo característica de los de las misiones de Baja California. En 1795, el gobernador Diego Borica escribía acerca de las misiones de Alta California: "El no resultar más aumento en los indios establecidos puede resultar de su mucha incontinencia y de la inhumanidad de las madres, que por no hacerse viejas y desagradables a sus maridos procuran abortar o sofocar a sus hijos recién nacidos; sobre este punible desorden se ha amonestado mucho por los misioneros y parece hay alguna contención. También puede contribuir su naturaleza débil, acostumbrada a sustentarse con

con su sangre "componer las calderas del trapiche". El padre misionero quitaba a los indios lo que éstos podían coger en el campo y en pago de su trabajo les daba unas cuantas guayabas, chicharrón o un pedacito de carne.[18] Los indios salían al trabajo mancornados y con grilletes y eran azotados cruelmente con cualquier pretexto, todo por orden del padre de la misión. A veces los azotes ocasionaban corrompidas lesiones, como en el caso del indio Antonio que "tiene las nalgas podridas de los azotes que por dos ocasiones le dieron por orden del padre",[19] y no fue el único sirviente que paró en esas condiciones. Los indios de la misión enfermaban y morían sin confesión. Declararon sobre el mal trato a los indios, en 1771, José Romero, maestro herrero, con tres años de residencia en la península, Simón Thadeo García, maestro carpintero, con cuatro, y el sastre Miguel Moreno, a quienes al parecer repugnaba el trato que se daba a los indios por orden del padre.[20]

Cuando en 1772 el virrey Bucareli cumplió la orden del rey y entregó las misiones de la antigua California a los padres dominicos, los fernandinos se concentraron en la Alta California, en donde empezaron a fundar misiones junto o cerca de los nuevos presidios. Pero no sólo no mejoraron las relaciones de dominicos y fernandinos con los gobernadores, sino que se podría decir que empeoraron. Los misioneros de la Nueva California objetaban la elección de los sitios que escogían los militares

poco y trabajar menos, cuando al presente es preciso ayuden a los trabajos penibles de la misión, no pudiendo en muchas darles la comida en abundancia". *Descripciones económicas, cit.*, p. 44.

18 A.G.N., *Californias*, vol. 13, f. 123v.

19 *Ibíd.*, f. 120.

20 Juan Antonio Espinosa, sirviente que fue de la misión, declaró que "habiendo visto le daban trasudores en el trabajo, un día cayó de bruces desmayado [un indio] en presencia de Do-

para plantar las misiones, y exigían que se les proporcionaran familias de indios convertidos (que hubiera habido que transportar desde muy lejos) "para cada una de las misiones nuevamente fundadas para hacer tortillas y los demás menesteres, así para padres como para soldados";[21] se quejaban de que los comandantes les asignaban pocos soldados para cuidarlos y protegerlos de los indios gentiles.

La tarea de los misioneros era ardua, querían imponer una religión y ciertas costumbres a los gentiles, para lo cual tenían que empezar por sacarlos de su "salvaje libertad", y arraigarlos en las misiones, primero con dádivas, después con la fuerza y con rutinas de trabajo. No desconocían las dificultades de esa penosa empresa y por ello reclamaban el máximo apoyo del virrey y de los funcionarios, y disciplinaban con el mayor rigor a los indios que caían en sus misiones.

También los gobernadores y funcionarios de Californias reconocían las dificultades a que se enfrentaban los misioneros. En 1799, el gobernador Diego Borica escribía: "No es tan fácil como se supone el sacar a los gentiles de sus sierras, barrancas y otros terrenos para hacerlos labradores, artesanos y marineros. Las misiones los recogen poco a poco en fuerza del amor que tienen a sus parientes establecidos en ellas y a fuerza de darles que comer y de gastar con ellos en frezadas, cotones y taparrabos. . . Es indispensable gastar en atraerlos; en

mínguez. Le dijo [Espinosa] este indio está enfermo, no puede trabajar y respondió el mayordomo que no estaba enfermo, que se desmayó de hambre y mandó lo apartaran a un lado del trabajo, no en la sombra y más que se muera al sol. . .". *Ibíd.*, f. 123v.

[21] "Sobre el mejor establecimiento de las nuevas misiones de Californias. Se acompaña el informe del R.P. Guardián de San Francisco, Rafael Verguer, a 20 de diciembre de 1771", *Ibíd.*, ff. 90-116v.

mantenerlos el primer año hasta que alcen cosechas; en suministrarles algunas frezadas para cubrir sus carnes que es lo primero que exige todo gentil que quiere reducirse a sociedad y en los instrumentos precisos de labranza con cierto número de bueyes: a más de para cada población se necesitaba de cuatro a seis soldados que cuidasen de mantenerlos en orden y de enseñarlos a trabajar. Sin estos auxilios no hay que pensar en este género de reducciones."[22]

El forcejeo entre religiosos y militares parece haberse originado tanto porque los misioneros no podían aceptar que el rey hubiera permitido la penetración a Californias sólo para atender a su defensa, para lo cual los indios de misión no le eran de ninguna utilidad,[23] como porque los misioneros no parecían tener reglas ni criterios establecidos para disciplinar y castigar a los indios, ya fueran gentiles o cristianos.

En 1774, el virrey Bucareli decidió nombrar otro gobernador para Californias en vista de que la rivalidad entre los misioneros y el gobernador no parecía tener solución. En octubre de ese año escribía a Phelipe de Neve, al nombrarlo nuevo gobernador de Californias: "Esta Península [Californias], por su distancia y por la desunión de los jefes padece en la actualidad una constitución demasiado triste que ha fomentado las desavenencias y discordias suscitadas entre el gobernador Barri y los P.P. misioneros. Para cortarlas y para establecer de una vez la paz y buena armonía que necesita, de modo que no se atrase el servicio, ni la conquista espiritual de las almas que pueblan el terreno, tuve presente las buenas cualidades de moderación y prudencia que en vuestra merced concurren y siendo esta la que debe gobernar

22 A.G.N., *Californias*, vol. 9, exp. 12, ff. 485-489.
23 Véase Anexo 5.

todas sus acciones en aquel distante destino, espero que así lo ejecute, correspondiendo a mi confianza y al honor con que debe desempeñarse el servicio, prefiriéndolo a todo para merecer el real agrado."[24]

Las instrucciones con las que se debía gobernar la provincia de Californias eran, hasta ese momento, las que José de Gálvez dictara durante su estancia en la península. Había también un Reglamento Provisional (llamado de Echeveste, 1773), aprobado en Junta de Real Hacienda y "lo acordado en ella para el gobierno de la península y departamento de San Blas".[25] A esas instrucciones añadió nuevas el virrey Bucareli, cuando nombró gobernador a Neve.[26]

En el año de 1772 fue aprobado el *Reglamento e Instrucción para los presidios que se han de formar en la línea de frontera de la Nueva España.* Resuelto por el rey en cédula del 10 de septiembre de 1772,[27] determinaba el lugar por donde se tenían que plantar los presidios. El primero del Altar[28], partía en dos a la provincia de Cali-

[24] A.G.N., *Californias,* vol. 13, exp. 7, ff. 188-188v.

[25] *Ibíd.*, f. 192.

[26] *Ibíd.*, ff. 188-190v. Véase anexo 2.

[27] Basilio José Arrillaga, *Recopilación de Leyes, Decretos, Bandos, Reglamentos, Circulares y Providencias de los Supremos Poderes de los Estados-Unidos Mexicanos y otras autoridades de la Unión. . .*, México, D.F., Imprenta de J.M. Fernández de Lara, 1835, pp. 139-189.

[28] "Cordón de Presidios.– Altar.– 2. Es el primero de los fronterizos el presidio de Altar, que hallándose actualmente situado a 30 leguas de Vizani [sic] y Pitiqui, pueblos pertenecientes a la antigua misión de Caborca, destruida por los apaches, se debe remover y colocar en otro paraje más inmediato a la costa del golfo de Californias, procurando establecerlo en terreno llano donde haya agua y pastos suficientes para la caballada, y en que no sea difícil a sus destacamentos recorrer y batir los distritos que han de quedar por derecha e izquierda desde este presidio a las orillas del mar y al inmediato de la línea, para

fornia y acentuaba las diferencias entre la antigua y la nueva California,[29] tanto por la división en campos misionales distintos como por la calidad de "tierras nuevas" de la Alta California, región por conquistar y poblar.

A los viajes de exploración y descubrimiento por mar de 1769, sucedieron otros muchos llevados a cabo por reputados marinos, pues había temor en la corte peninsular sobre incursiones de enemigos. También pasaron en el siglo XVIII por los establecimientos de la Alta California conocidos marinos extranjeros, aunque no los temidos rusos. Los presidios de San Diego, Santa Bárbara, Monterrey y San Francisco, así como las misiones de las cercanías, empezaron a cobrar notoriedad en la administración virreinal, en tanto que languidecían el presidio de Loreto y las misiones de los dominicos.

Llevaba ya Neve gobernando la provincia cinco años, cuando a la vista de las disposiciones dadas con anterioridad y a la experiencia que había adquirido en el ejercicio del cargo, elaboró un reglamento especial para el gobierno de las Californias: "Reglamento e instrucción provisional para los presidios de la península de Californias, erección de nuevas misiones y fomento del pueblo y extensión de los establecimientos de Monterrey."[30]

Tres eran las autoridades superiores para el gobierno civil, militar y económico respectivamente de Californias: el gobernador, que residía en Loreto (en 1775, por

impedir que los enemigos del rumbo del noroeste se internen a hostilizar la provincia", *Ibíd.*, pp. 172-173.

[29] Inmediatamente después de las expediciones de reconocimiento y de la fundación de los presidios de San Diego, Monterrey y San Francisco, los funcionarios siguieron llamando a la nueva jurisdicción *península de Californias* o simplemente *Península.* Para fines del siglo ya se hacía la distinción de nueva o alta California y vieja o antigua California.

[30] A.G.N., *Provincias Internas,* vol. 121, ff. 375-397. Véase anexo 3.

orden del rey, Neve cambió su residencia al presidio de San Carlos de Monterrey), el comandante militar, en Monterrey, y el comisario, en el puerto de San Blas; los tres estaban encargados de auxiliar a los misioneros en su labor de evangelización.

Los trece primeros títulos del Reglamento son relativos a la manera en la que habrían de constituirse y funcionar los cuatro presidios ya establecidos (Loreto, San Diego, Monterrey y San Francisco); el quinto se habría de fundar en el Canal de Santa Bárbara. El título catorce trata del gobierno político y de una instrucción para la población, y el quince de la erección de nuevas reducciones.[31]

Las normas para el funcionamiento de las guarniciones de los presidios fueron minuciosamente precisadas en el reglamento, así como aquéllas que atañían a los nuevos pobladores. Siguiendo la política del regalismo borbónico, las normas relativas a la erección de nuevas reducciones sólo se refieren al plan a seguir para situar las misiones que se fueran fundando, con el objeto de que quedaran a distancias de fácil comunicación unas de otras y los misioneros pudieran atraer a los indios de las rancherías inmediatas a los presidios y muy especialmente al control del número y nombramiento de misioneros. No hay en el reglamento alusión alguna a la forma en que los misioneros deberían tratar a los indios, ausencia que lamentarían en los años siguientes los gobernadores de Californias.

Los presidios de las costas de Californias subsistieron ajustándose, en lo general, a lo establecido en el reglamento de Neve.[32] Respecto a los pobladores, la emigración a la nueva jurisdicción fue débil y no presentó

[31] *Ibíd.*, ff. 395v-397.

[32] Cfr. Luis Navarro García, *Don José de Gálvez y la Co-*

problemas. En 1796, en la relación o informe de gobierno que debía enviar al virrey, el gobernador Borica asentó que en los pueblos de españoles (San José de Guadalupe y el pueblo de la Reina de los Angeles, formados originalmente con los colonizadores que llevaron a San Diego y San Francisco, Gaspar de Portolá y Juan Bautista de Anza), la población crecía a razón de un 8 o 9 por ciento anual[33] y que habían llegado a California como 30 individuos, "gente de razón", aunque de todas clases, que servían de mayordomos.[34] No menciona extranjeros radicados en la jurisdicción.

En cuanto a los pobladores indios, se veía que iban en disminución. En 1791, Pedro Fages, quien sucedió a Felipe de Neve como gobernador en 1782, escribía formalmente en la relación correspondiente al año de 1790: "Se llena el principal objeto de las soberanas intenciones de S.M. aumentando progresivamente la reducción de los naturales de este dilatado país, observándose escrupulosamente la máxima de mantenerlos sujetos más con la afabilidad y buen trato que con la fuerza, bajo cuya política se experimenta una feliz general tranquilidad mediante el desvelo con que atiende el gobierno a la más puntual práctica de los superiores sabios principios en que se ha fundado esta conquista."[35]

El siguiente gobernador, Diego de Borica informó al virrey sobre la situación de la población india con datos concretos. En las tres relaciones correspondientes a los años de 1795, 1796 y 1798, se advierte su preocupación por la disminución de los indígenas.

mandancia General de las Provincias Internas del Norte de Nueva España, Sevilla, Escuela de Estudios Hispano-Americanos, 1964, p. 432ss.

33 *Descripciones económicas regionales, cit.*, p. 30.

34 *Ibíd.*, p. 50.

35 *Ibíd.*, pp. 19-20.

José de Gálvez, en 1769, ya había advertido que la población nativa de Loreto era muy escasa. El se fijó entonces que "apenas se halla aquí algún indio descendiente de los [primeros] que se congregaron",[36] y culpaba a los "regulares expulsos" de la triste situación.

En la relación de 1795, Borica escribió que la población de la Nueva California aumentaba en lo espiritual por el número de gentiles que se reducían a misión, pero que los radicados en ellas en lugar de aumentar su número iban a menos.[37] Al año siguiente informaba que se advertía un aumento de 8 o 9 por ciento en la población española –como quedó dicho–, pero que la india disminuía en más de un diez por cierto[38] y que en las misiones había muerto el doble de indios de los que habían nacido en ellas.

En 1797, hacía cuentas Borica de que desde 1767, en que había empezado la conquista espiritual de la Nueva California, hasta fines de 1798, se habían bautizado en las trece misiones fernandinas 21 653 indios, y que ya sólo existían 11 216. Había sacado esas noticias de los inventarios y padrones que anualmente pasaba al gobierno el padre presidente de las misiones. Atribuía "el deterioro de esta débil especie del género humano" a cuatro causas:

1a. A la libertad que pierden congregándose a misión, estando criados en la mayor que se pueda imaginar: sin sujeción a trabajo alguno, ni reconocimiento a superioridad.
2a. Al trabajo que desde luego se les aplica tanto de labores de campo como de fábricas de iglesias, trojes y casas de misioneros, sin proporción a su débil naturaleza, no dándoles de comer por lo general, sino

[36] A.G.N., *Californias*, vol. 13, f. 208v.
[37] *Ibíd.*, p. 26.
[38] *Descripciones económicas regionales, cit.*, p. 30.

con mucha parsimonia, porque las misiones no alzan las semillas que necesitan para mantener congregados en la abundancia a sus neófitos.

3a. Al grande desaseo de sus personas y jacales y a las inmundicias de que están circundadas sus rancherías.

4a. A la costumbre de encerrar de noche para dormir a las muchachas, viudas y madres de los indios ausentes en piezas reducidas y poco ventiladas y tan pestíferas que habiendo querido yo reconocer alguna en tiempos que estaban barridas sin gente, no me fue posible aguantar en ninguna de ellas, ni un minuto.

Esa situación se perpetuaría "siempre que por el alto gobierno no se den las órdenes más estrechas para que continuamente todos los misioneros traten bien a los indios y que sus castigos sean moderados. Que les permitan por su orden salir cada quince o veinte días indefectibles por el término de ocho a disfrutar de los aires puros del campo, que se les señalen horas de trabajo según sus fuerzas, que se les dé de comer caliente sus atoles y pozoles y jamás en grano, porque lo juegan muchos y otros por flojera no lo benefician, debiendo concurrir a los trabajos como si lo hubieran aprovechado en el sustento. Que se les obligue a bañar a menudo, que tengan aseados sus jacales e inmediaciones, que si se hubieren de recoger de noche las muchachas, viudas y mujeres de ausentes sea en patios, corralones ventilados o piezas grandes también ventiladas como lugares comunes; (si esto no se hace) continuará el despueble hasta que en pocos años no queden indios. El gobernador de la provincia nada dispone en estos particulares sólo hace sus insinuaciones".[39]

En la relación correspondiente a los años 1797-1798, vuelve a insistir el gobernador en la necesidad de dar

[39] *Ibíd.*, pp. 47 y 50.

instrucciones precisas a los misioneros para normar su trato con los indios: "Si el alto gobierno se dignase disponer la formación de una instrucción sobre el modo de instruir y manejar a los indios y sus temporalidades, con presencia a los puntos indicados y otros que convenga añadir, para que sirviendo de pauta a los misioneros se observase escrupulosamente, encargando a los prelados y al jefe de la provincia en cuanto al trato de los indios, manejo de sus bienes y fábricas, celasen sobre su cumplimiento, me persuado se conservaría la población, haciendo más felices a los neófitos."[40]

Murió el gobernador Borica y le sucedió José Joaquín de Arrillaga, que había sido Comandante Inspector interino de Californias. Al redactar la relación correspondiente a los años de 1799-1800, comentaba lo asentado por su antecesor en lo relativo a la disminución de la población india para precisar los años en que había ocurrido la mayor disminución de indios, pero estaba de acuerdo en los remedios que proponía el gobernador Borica para contener la disminución de los gentiles.[41]

En 1796, a pesar de que habían transcurrido más de veinte años desde que se empezaran a fundar los presidios y misiones en la Nueva California, los indios de esas tierras seguían padeciendo hambre. No había suficiente maíz para ellos y parece que la carne que obtenían no era de la mejor calidad.

En los primeros años de la nueva penetración, cuando partían soldados o misioneros hacia cualquier punto, necesitaban llevar semillas y ganado para subsistir. En la expedición que fue de Loreto a San Diego y Monterrey, sólo de ganado llevó Portolá 306 vacas y terneras, 6 ovejas, 2 carneros, 153 gallinas y gallos, 262 caballos y

40 *Ibíd.*, p. 55.
41 *Ibíd.*, pp. 60-61.

mulas, y 2 burras,[42] y todo fue consumido por los expedicionarios. Una vez fundados los presidios y las misiones, estaba dispuesto que se formaran ranchos en donde debería quedar el ganado (comprado por cuenta de la Real Hacienda) necesario para la alimentación y el transporte de los pobladores.

En los primeros años de la penetración a Californias fue frecuente que los españoles se quedaran sin víveres y sólo pudieran subsistir gracias a los alimentos que encontraban en las rancherías indias. Pero parece que pronto procuraron los españoles ser autosuficientes en lo que a ganado se refería, pues se fueron formando ranchos en los presidios, en las misiones y entre los particulares, que abastecían no sólo a los habitantes californianos sino también a las embarcaciones que llegaban a los puertos. Sólo que los progresos de la ganadería en la Alta California no beneficiaron a los indios.

Era práctica seguida en el presidio de Monterrey que el habilitado sacara del rancho anexo las reses necesarias para dar las raciones de carne a la tropa. Pero resultó que cuando les apretaba el hambre a los indios, tanto gentiles como cristianos, aprovechaban que las vacas se alejaban pastando del rancho para flecharlas y comer su carne.[43] Apareció por tanto, el delito por el cual se había perseguido a los indios en otras provincias: "matadores de ganado".

Parece que en 1796, después de tres años de sequía y pérdida de cosechas y disminución de "nacencia de ganado" debida a la escasez de pastos, los indios gentiles

[42] Boneu, *op. cit.*, p. 103.

[43] "La disminución del Ganado mayor que se advirtió desde el año de 94 en adelante fue causada por los motivos que expuse en la satisfacción del 1o. reparo de la penúltima que cita dicho antecedente superior oficio, añadiendo en esta satisfacción que

que carecían de "bellota, piñón y varias semillas y raíces silvestres",[44] "ejecutaron daños de alguna consideración en los ganados mayores del Rey, de las misiones y particulares y en la yeguada del rancho de Real Hacienda, contribuyendo a ello muchos indios cristianos a quienes por no tener los padres misioneros bastimento con qué mantener daban licencia o se la tomaban para ir al campo a buscar semillas o raíces qué comer".[45]

Para contener semejante desorden el gobernador Borica dictó las siguientes prevenciones:

"Don Diego de Borica, caballero profeso del Orden de Santiago: coronel de caballería del ejército: gobernador político y militar de la Península de Californias: comandante inspector de las tropas que la guarnecen:

Exigiendo la causa pública que con la mayor prontitud se contengan las muertes y robos de ganados mayores, menores y caballadas que con tanto exceso cometen los indios de misión y gentiles se observarán inviolablemente las prevenciones siguientes por todo comandante de puesto y escoltas.

1a. Procurará saber por sí y por medio de los soldados que están a sus órdenes si los indios matan y roban ganado.

2a. Bien asegurado del hecho, arrestará a los mal-

hago de que si en los años anteriores se hubieran experimentado las escasas lluvias que hubo en el año de 94 y 95 de que le es constante a V.S. por cuya causa padeció generalmente la gentilidad mucha hambre de que resultó haber acometido ésta acompañada de varios cristianos cimarrones en los citados dos años a los ganados no sólo el de Real Hacienda de Monterrey sino también el de las misiones de San Carlos, Santa Clara, San Francisco y otras de la provincia. . ." A.G.N., *Californias,* vol. 21, f. 413.

[44] *Ibíd.,* f. 421.

[45] *Ibídem.*

hechores manteniéndolos presos un mes a ración y sin sueldo trabajando en alguna obra pública, dándoles quince azotes cuando se aprehendan y otros quince cuando se pongan en libertad, bien amonestados para que en lo sucesivo se abstengan de tales excesos.

3a. Si reincidieren se les aplicará dos meses a dichos trabajos, dándoles cada domingo doce azotes, a más de los 15 de entrada y 15 de salida.

4a. En el caso que haya indios tan malos que recaigan tercera vez en el mismo delito, se apresarán y despacharán al presidio de donde pensa la escolta a fin de que se empleen en él por 6 meses en los trabajos públicos dándoles todos los domingos 12 azotes.

5a. Si los malhechores llegasen a un mismo tiempo al número de 6 los despacharán al presidio inmediato sean de 1a, 2a, o 3a.

6a. Siempre que los P.P. ministros quieran servirse de dichos indios presos en escoltas, les suministrarán la ración acostumbrada y dispondrán que sus mayordomos los reciban en la guardia a donde precisamente se han de entregar al retirarse del trabajo.

7a. Si no gustaren hacerlo así, el cabo los empleará en componer las casas de la tropa, u otras faenas a beneficio de ella, siendo el importe de la ración de cuenta del Rey que se abonará por el habilitado quien la cargará al fondo de gratificación.

8a. Las mismas reglas se observarán con los gentiles malhechores a excepción de que siempre se han de mantener por cuenta de los fondos de gratificación empleándose en las obras del Rey.

9a. Obedecidas escrupulosamente estas órdenes se contendrá un desarreglo que al paso que va acabaría breve con los ganados del Rey, de las misiones y de los particulares.

10a. Para que nadie alegue ignorancia y todo individuo militar contribuya al cumplimiento de lo que se ordena, se fijará esta disposición en todos los cuerpos de guardia de presidios, escoltas y pueblos.– Monterrey 1o. de Noviembre de 1796.– Diego de Borica."[46]

En los últimos años del siglo XVIII, el empeño de defender las costas californianas de la penetración extranjera era una carga pesada para los funcionarios de la capital del virreinato.

Cuando en 1799 el gobernador de California dio cuenta al virrey Miguel José de Azanza de los estragos que habían causado unos fuertes temporales a las baterías del presidio de San Francisco, Azanza, que había estado en la península con Gálvez, pidió su parecer sobre este asunto a otro veterano de la penetración a las costas de California, el ingeniero Miguel de Costanzó, quien dictaminó:

> "Las baterías de S. Joaquín y de la Yerba-buena del Puerto de San Francisco que con sus alojamientos fueron arruinadas por las aguas y por los huracanes extraordinarios del mes de diciembre del año próximo pasado y de enero del presente, fueron construidas, según informa Dn. Pedro Alberny [teniente coronel comandante de las armas del presidio de San Francisco] en este expediente, de adobe, tierra y fagina, únicos materiales que suelen gastarse en los establecimientos de la Nueva California donde hay falta casi total de operarios aun los más necesarios a la vida sociable.
>
> Si vuelven a levantarse dichas baterías y sus alojamientos con los propios materiales puede volver a suceder otra ruina semejante dentro de poco, por igual accidente, y si se construyen de cal y canto, sobre la dilación que esto ofrece, han de ser considerables los gastos que demanden iguales fábricas.

[46] *Ibíd.*, ff. 420-420v.

Sin embargo, como en virtud de órdenes muy positivas de S.M. se tomaron providencias por este superior gobierno el año pasado de 95 para la defensa de los establecimientos de la Nueva California y que una de ellas fue la erección de baterías en los puertos de S. Francisco, S. Diego y Monterrey de que se dio cuenta a la corte, como también del destacamento de artilleros y de voluntarios de Cataluña que pasaron a dicho país, parece indispensable el reedificio de dichas fábricas y por consiguiente el que se hagan de cal y canto, bien sea en el sitio que hoy ocupan o en otro más adecuado, que podrá ser el que elijan el Sr. gobernador de Californias y el comandante del puerto de S. Francisco con acuerdo del oficial de Marina, o Piloto que concurran en primera ocasión en Monterrey. Esto es cuanto puedo exponer acerca de lo que V.E. se pregunta y V.E. ordenará sobre el particular lo que estime más oportuno."[47]

En su respuesta al virrey, el ingeniero Costanzó asienta que en la Nueva California había falta total de operarios, por lo cual había sido difícil atender a la "hermosura, luestre y decoro de las poblaciones"[48] de California a las que se refería el virrey Bucareli en sus instrucciones a Felipe de Neve.

La esperanza de los gobiernos de la segunda mitad del siglo XVIII por hacer de California una provincia de pueblos modernos es clara en la "Instrucción particular"[49] que Gálvez compuso para el "restablecimiento, formación y ornato público de este pueblo y primitiva misión de Loreto" en 1769. En ella Gálvez determinó el tamaño que debían tener las casas, la orientación y ancho de las calles, los árboles frutales que se debían plantar frente a las casas, los cuarteles y barrios que había de tener el

[47] A.G.N., *Californias*, vol. 9, exp. 12, f. 465-465v.
[48] A.G.N., *Californias*, vol. 13, exp. 7, ff. 191.
[49] *Ibíd.*, ff. 213v-219v.

pueblo y las plazas que se debían dejar; todos los solares de los habitantes debían ser del mismo tamaño, así como igual la altura de las casas, y todas debían estar pintadas de blanco. Se habrían de demoler las casas antiguas que hubiera y para construir las nuevas se daría a los indios congregados las herramientas necesarias y raciones para su mantenimiento. A los indios del pueblo se les daría una "suerte de tierra" de 200 varas de largo y 100 de ancho en donde habrían de hacer un pozo para el riego del solar. A los pobladores españoles, aunque fueran soldados de la escolta, si querían cultivar granos se les repartirían también solares en terreno enteramente separado del de los indios.

No hay constancia de que misioneros y jefes militares pusieran especial empeño en seguir las instrucciones de Gálvez, pero la idea de ayudar al indio a incorporarse a la comunidad española no se perdió del todo.

Junto con los soldados que integrarían las guarniciones de los presidios marcharon a la Alta California maestros de carpintería y de herrería y algún albañil. Esos artesanos de las guarniciones deben haber empezado la construcción de los presidios, los cuales deben haber consistido, recién fundados, como el de San Diego, en la "cerca de su Palizada y las humildes fábricas que contenía".[50]

Es posible que para mejorar la "fábrica material" de los presidios de California, los capitanes pusieran a trabajar a la tropa, pues en 1792, el habilitado general de las tropas presidiales de la Península, Manuel Carcaba, escribía al gobernador interino José Joaquín de Arrillaga que, revisando expedientes pendientes, había "conseguido la conclusión del que se formó en el año de 88 sobre la gratificación que se debía dispensar a la tropa que

[50] Boneu, *op. cit.*, p. 210.

trabajó en la fábrica material de dichos presidios. . . En su consecuencia remito a Vm. las cuatro adjuntas memorias que van por separado y comprenden veinte y seis tercios a fin de que, enterado Vm. del objeto con que se dirigen, disponga se distribuyan a los individuos de esas compañías los efectos que abrazan, sin hacerles cargo alguno de los renglones, ni fletes, enfardelage y demás costos, pues todos los ha satisfecho la Real Hacienda de orden del Rey. . .".[51]

Parece que por diferentes circunstancias fue más expedito y quizá más práctico y útil, tratándose de la más lejana y apartada jurisdicción del virreinato, obtener remuneración por servicios en especie que en moneda, pues en 1795 el gobernador Diego Borica reclamaba al habilitado general de los presidios el reembolso de las cantidades que había tomado de los haberes de los soldados para pago de la construcción de los fuertes de los presidios;[52] Carcaba reconocía la deuda pero consideraba difícil el reembolso en esos momentos. Dio al gobernador la siguiente explicación:

> "Temo y recelo mucho pronta providencia en el asunto, porque la constitución de la Europa y las necesidades actuales de la monarquía dejarán ilusoria

[51] A.G.N., *Californias,* vol. 6, ff. 180-180v.

[52] "Con fechas de 1o. de febrero y del día bajo los números 64, 66 y 69 solicito del Excmo. Sor. Virrey se entreguen a Vmd. las cantidades siguientes:

1a. De 3148 pesos 5 reales 7 granos suplidos por los haberes de la compañía de Monterrey, para la fábrica material de dicho presidio.

2a. De 6503 pesos 4 reales 7 granos gastados en el fuerte de San Francisco y suplidos por los haberes de la compañía que guarnecen dicho presidio.

3a. La de 1485 pesos 3 reales 2 1/4 granos que suplió la misma para la fábrica del presidio.

Espero agite Vmd. los expedientes respectivos a estos cobros toda nuestra esperanza, a lo menos mientras subsistan. Vms. están más lejos y distantes de cuidados: aquí se entiende en el día en la colectación de 15 millones de pesos que pide la corona para sus graves atenciones: es difícil se puedan remitir aún apelando a donativos y préstamos para lo cual hipoteca S.M. los productos de la pingüe renta del tabaco y sobre que trabaja activamente este gobierno. Ve aquí descubierta la causa de mi temor, de donde podrá Vm. deducir imposibilidad de un pago de caudales que perjudicaría en su cantidad los deseos y los connatos que se procura llenar la urgencia y aunque es. . . fiera a su debido pago, nunca se verificará sin la soberana resolución de S.M."[53]

En los documentos revisados es frecuente la mención de la tropa y los soldados ocupados en trabajos que no eran marciales. Fray Junípero Serra le escribía en 1774 al virrey que, "con el ejemplo de algunos peones que he logrado de los barcos [los indios] se van aplicando al trabajo con el azadón en la mano, con la barra, en los adobes, en la pisca o cosecha del trigo y su acarreo y demás quehaceres a que se les aplica".[54] Para los

para que verificándose la entrega de las referidas cantidades, abone Vmd. la primera a Don José de Argüello y las dos segundas a Don José Pérez Fernández.

Vmd. sabe mejor que nadie la falta que hacen estos caudales para la manutención y entretenimiento de las compañías que las han suplido, por lo que espero de su zelo avivará su cobranza para que sirvan al surtimiento de las memorias que se pedirán en el próximo abril.

Nuestro Señor guarde a Vmd. muchos años.– Monterrey 3 de marzo de 1795.– Diego de Borica.– Sor. Dn. Manuel de Carcaba". A.G.N., *Californias*, vol. 6, ff. 243-243v.

[53] A.G.N., *Californias*, vol. 6. ff. 242-242v.

[54] *The California Coast.* A Bilingual Edition of Documents from the Sutro Collection, Norman, University of Oklahoma Press, 1969, p. 124.

herraderos y la cuenta de ganado en los ranchos de Real Hacienda, el comandante del presidio enviaba soldados a efectuarlos, y sabemos que el gobernador Borica decía que en las misiones, además de cuidar a los misioneros, los soldados enseñaban a trabajar a los indios.

En los primeros años de su fundación, las construcciones para habitaciones en las misiones y en los fuertes de los presidios, así como las iglesias, deben haber sido muy modestas y deleznables. A darles mejor apariencia ayudó el rey, quien aprobó el envío de artesanos a California para que fueran a esa apartada provincia a enseñar sus oficios a los indios reducidos.[55]

La primera contratación que se hizo para enviar artesanos al presidio de Monterrey fue en 1791. Cinco artesanos fueron enviados a California: Manuel Esteban Ruiz, maestro cantero y albañil; Joaquín Rivera, oficial de cantero; José Mariano Capinto, maestro sastre; José María Capinto, oficial de sastre y Salvador Rivera, oficial de cantero.

En 1792 fueron contratados otros seis: Miguel Sangrador, maestro curtidor zurrador y zapatero; Santiago Ruiz, maestro albañil y cantero; Pedro González García, maestro herrero y armero; Cayetano López, molinero y carpintero; Manuel Doroteo Ruiz, oficial cantero; Pedro Alcántara, oficial de cantero y José Antonio Ramírez, carpintero.

Los artesanos contratados debían enseñar sus oficios a los naturales durante cuatro o cinco años. En febrero de 1796, el gobernador de Californias, Diego Borica, explicaba al habilitado general de los presidios, el teniente Manuel de Carcaba, que "las que se llaman contratas

[55] Cfr. Robert Archibald, *The economic aspects of the California Missions*. Washington, D.C., Academy of American Franciscan History, 1978, cap. VII, quien presenta otra versión sobre este episodio de la historia de Californias.

hechas por los señores intendentes de Guadalajara señalan de cuatro a cinco años y que yo doy por concluidas aquéllas a los cuatro, tomando el restante para despacharlos a sus casas en el primer buque que se presente".[56]

En 1795, cuando ya habían pasado cuatro años de la contratación de los primeros artesanos, el virrey aprobó el envío de cuatro artesanos más por cinco años. Estos fueron: Joaquín Botello, sastre; Mariano Tapia, alfarero; Manuel Muñoz, listonero y Mariano Mendoza, tejedor.[57]

Es posible que los primeros artesanos contratados para pasar a California fueran todos oriundos de Guadalajara, pues allí dejaron a sus mujeres y familias, a quienes los oficiales reales de las cajas de Guadalajara pasaban unas mesadas, a cuenta de los salarios de los maridos.

Existen constancias de que de 1791 a 1794, recibieron mesadas María Josefa Hernández, mujer de Manuel Esteban Ruiz; María Josefa Reyes, mujer de Salvador Rivera y María Encarnación Torres, mujer de Joaquín Rivera. De 1792 hasta 1794, recibieron mesada Micaela Balverde, mujer de Pedro González y, Josefa Vargas, mujer de Mariano Capinto; recibieron mesada del 23 de enero de 1791 hasta marzo de 1793.[58]

En 1793, el maestro herrero y armero Pedro González pidió al Comandante Interino del Presidio de Monterrey que de Guadalajara le "remitiesen" a su mujer María Micaela Balverde. Los trámites para que Micaela se pudiera reunir con su marido duraron un año; por fin, el Comisario de San Blas, Francisco Hijosa, escribió al gobernador Borica que "habiéndose ésta [María Micaela]

[56] A.G.N., *Californias*, vol. 6, f. 303.
[57] *Ibíd.*, f. 244.
[58] A.G.N., *Provincias Internas*, vol. 101, ff. 137v-140.

allanado a irse, se le ha socorrido para su marcha y de su familia con 125 pesos, los cuales, con 200 que desde que se fue su marido acá se le han ministrado para su manutención, componen 325 pesos que es el total que ha recibido".[59] Hijosa previno a María Micaela que debía estar lista en San Blas para que pudiera embarcarse en la primera navegación.

De los primeros artesanos contratados, los dos Capinto, uno sastre y otro oficial de sastre, dieron por terminada su contratación en diciembre de 1792. Quedaron trabajando en California, en los años de 93 y 94, el maestro cantero y albañil Manuel Esteban Ruiz y los dos oficiales de canteros, Salvador y Joaquín Rivera.

De los segundos contratados, Miguel Sangrador, maestro curtidor zurrador y zapatero trabajó hasta marzo de 1793, año en que falleció. Los otros, Santiago Ruiz, albañil y cantero; Pedro González García, maestro herrero y armero; Cayetano López, molinero y carpintero y Pedro Alcántara, oficial cantero, permanecieron en Monterrey. José Antonio Ramírez, carpintero no fue contratado en grupo, lo llevó el gobernador con él, en 1972.

Manuel Doroteo Ruiz, oficial cantero, también contratado en enero de 1792, sólo trabajó hasta noviembre de ese año.

En febrero de 1794, el gobernador interino José Joaquín Arrillaga avisaba a José Argüello, habilitado del presidio de Monterrey, que el virrey había aprobado la contrata que había celebrado con Antonio Domingo Henríquez, "para instruir y enseñar a los naturales en su oficio de tejedor por el espacio de cuatro años, bajo las condiciones que estipuló y el salario de doce reales diarios". Se le avisaba para que le formara "su asiento, dándole entrada desde el día primero de este mes de febrero".[60]

[59] *Ibíd.*, ff. 129v-130.
[60] *Ibíd.*, f. 127.

En 1794 el teniente de caballería y comandante interino del real presidio de Monterrey, José Argüello, certificó que en todo ese año "existieron los artesanos contratados para la enseñanza de los neófitos" de las misiones dependientes del presidio, como sigue:

Maestro albañil y cantero, Manuel (Esteban) Ruiz, en la misión de San Carlos, contratado con 18 reales diarios.

Oficial de cantero, Salvador Rivera, en la misión de San Luis, con 12 reales diarios.

Oficial de cantero, Joaquín Rivera, en el presidio de Monterrey, con 10 reales diarios.

Maestro albañil y cantero, Santiago Ruiz, *ídem*, con 14 reales diarios.

Maestro herrero y armero, Pedro González García, en la misión de San Luis, con 14 reales diarios.

Maestro molinero y carpintero, Cayetano López, en la misión de San Luis, con 11 reales diarios.

Oficial de cantero, Pedro Alcántara, en la misión de San Carlos, con 7 reales diarios.

Maestro carpintero, José Antonio Ramírez, en la misión de San Carlos, con 10 reales diarios.

Maestro tejedor, Antonio Domingo Henríquez, en la misión de Santa Cruz, con 12 reales diarios.

Hubo una baja entre los artesanos, como queda apuntado: el "maestro zurrador, curtidor y zapatero Miguel Sangrador, que ganaba un mil pesos anuales y estaba destinado a la misión de Santa Clara, falleció el 23 de marzo de 1794". Era natural del reino de Castilla la Vieja.[61]

Llevar las cuentas de lo que se adelantaba a los artesanos y a sus mujeres por los diferentes oficiales reales y habilitados de los presidios resultó ser algo complicado.

61 *Ibíd.*, ff. 130 v-131.

En 1795, los contadores mayores del real Tribunal y Audiencia de Cuentas revisaron detenidamente las cuentas hechas a los artesanos y encontraron diferencias y variaciones. Se pidió entonces revisión de este asunto al contador ordenador de primera clase, José María Beltrán, quien informó que las diferencias y variaciones nacían, "lo primero de la distancia y falta de correspondencia entre el departamento de San Blas y la península de Californias. Lo segundo, de no haberse recibido en Monterrey la noticia de las asistencias que se refieren en el resumen de la razón número primero por olvido u otro accidente; lo tercero y principal porque el habilitado particular, debió bajar las asignaciones desde el día que comenzaron a correr hasta la fecha del ajuste, como se practica en toda tesorería, y entonces no habría diferencia y no que se arregló a los avisos que le daba la comisaría de San Blas, sin calcular las cantidades con los tiempos y por eso salieron discordes las cuentas, luego que le faltaron algunos avisos o que no llegaron otros con oportunidad. Los ministros de Guadalajara y el comisario de San Blas también han observado un método muy expuesto a equivocaciones descontando las asignaciones del situado de San Blas, en el cual no está comprendido semejante gasto y dando margen a pensar que el comisario demande a los presidios el reintegro, en cuyo evento salían perjudicados los fondos de las habilitaciones, abonando a San Blas las mismas partidas abonadas a los artesanos en sus ajustes. . ." y recomendaba: ". . .Es menester poner de acuerdo a las cuatro cajas que intervienen en estos salarios para facilitar en lo sucesivo sus cuentas. . .".[62]

Si para los funcionarios y empleados de la Real Hacienda resultaba un engorroso trámite más ocuparse de las

[62] *Ibíd.*, 141v-142.

cuentas de los artesanos enviados a California, en 1795 el gobernador Borica consideraba la estancia de los artesanos en el presidio y misiones de Monterrey un beneficio para la comunidad indígena, que se iba reduciendo. En una Nota a la *Noticia de las misiones de los religiosos del Colegio de San Francisco de México (1791-1794)*, dice: "6a. Los principales ramos de industria son tejidos de lana en frezadas, sayal y jerga. En [las misiones] San Luis y San Gabriel se han tejido algunas mantas de algodón, pero como esta primera materia no se alza en la provincia es imposible y muy dificultoso el que siga esta operación; en todas se curten cueros de res y se benefician los de venado. Con el auxilio de los artesanos que franquea S.M. se ha conseguido se aprovechen bastante algunos indios de San Carlos en los oficios de carpintería, albañilería, y cantería. En San Francisco dos o tres neófitos en la herrería, y en Santa Clara en la curtiduría. Con el mismo se hallan al acabar un molino en la de San Luis y si continúa el rey mandando otros se lograrán en la provincia ventajas conocidas".[63]

En México, al revisar el mencionado contador Joseph María Beltrán las cuentas de ganados de 1796 del rancho del rey en las inmediaciones del presidio de Monterrey, le pareció que algo extraño estaba pasando con el ganado en Californias. Le llamó la atención la disminución que reportaban los habilitados. No creía que la "rigurosa seca, las resultas de la capazón y la persecución [al ganado] de animales feroces e indios", pudiera ser la causa de la gran baja consignada en los documentos.[64] Por tanto pidió al virrey que mandara hacer una amplia

[63] *Descripciones económicas, cit.*, p. 45.
[64] A.G.N., *Californias,* vol. 21, f. 400.

investigación del gasto de ganado que hubiera habido en Monterrey en los últimos años.

Para cumplir con lo que pedía el funcionario del real Tribunal de Cuentas, el habilitado del presidio de Monterrey, Hermenegildo Sal, hizo, en 1798, un prolijo informe sobre el gasto de ganado para raciones desde el año de 1782, en que entró al presidio de habilitado. Otro informe de otro habilitado, José Argüello, correspondiente a los años de 1791-1795, nos ilustra sobre indios cristianos y gentiles, que trabajaron en esos años en la reedificación del presidio y la construcción de la iglesia,[65] y que recibieron ración de carne (Cuadros 1 y 2).

Esos indios gentiles y cristianos trabajaron quizá bajo la dirección del maestro albañil y cantero Santiago Ruiz en la construcción de la iglesia del presidio de Monterrey,[66] pues sabemos que en los años de 1791 a 1794 fueron llevados indios gentiles del pueblo de San José y cristianos de las misiones a trabajar al presidio durante unas 4 o 5 semanas más o menos, en los cuatro años y, generalmente, en los meses del verano y otoño.

Si las cifras que apuntó el habilitado[67] son ciertas, en los días en que los indios gentiles y cristianos trabajaron en la iglesia y el presidio se debe haber notado allí gran actividad y, enorme ausencia de pobladores en el pueblo y las misiones, pues, según los datos de Argüello, en 1791 trabajaron, en un periodo una "partida" de 97 indios y en otro, una de 21 gentiles. En 1792, trabajaron 40 gentiles a la vez. En 1793, en un periodo, trabajaron 33 gentiles y en otro 29; además de 25 indios

[65] *Ibíd.*, f. 410v.

[66] En 1798 el habilitado José Argüello escribía: ". . .desde el año de 91 cuando recibí la habilitación de Monterrey, hallándose una partida de indios gentiles trabajando en la obra de la redificación de aquel presidio. . .", *Ibíd.*, ff. 413.

[67] Véase "Razón. . ." de p. 49.

CUADRO 1

Presidio de Monterrey, Californias
Sirvientes indios que recibieron ración de carne 1791-1795

				Invierno		*Primavera*			*Verano*			*Otoño*			*In-*
Año	*Días*	*Sirvientes*	*Total*	*Enero*	*Febrero*	*Marzo*	*Abril*	*Mayo*	*Junio*	*Julio*	*Agosto*	*Septiembre*	*Octubre*	*Noviembre*	*Diciembre*
1791	63	97 gentiles						27 —	—	— 28					
	39	21 gentiles	118								28 —	—	— 5		
1792	34	40 gentiles	40									24 —	— 28		
	38	33 gentiles							9 —	— 16					
1793	34	29 gentiles								17 —	— 19				
	28	25 cristianos									28 —	— 24			
	30	20 cristianos	107										20 —	— 18	
	35	29 gentiles					24 —	— 28							
1794	30	24 gentiles							2 —	— 2					
	11	19 gentiles									30 —	—	— 19		
	12	8 cristianos	80												---
1795		8 cristianos													
		22 gentiles													

A.G.N., *Californias*, vol. 21, ff. 412-412v.

CUADRO 2

Razón de las cabezas de ganado de Real Hacienda que se han ministrado a los gentiles del pueblo de San José y cristianos de las misiones destinados a trabajar en la construcción de la iglesia de este presidio de Monterrey desde el 1o. de abril de 1791 hasta la fecha en prevención de no haberse mencionado el cargo de sus valores en la cuenta que se lleva de los gastos de fábrica por haber encontrado la misma práctica de mi antecesor Dn. José de Ortega y ordenarme el Sr. Dn. Pedro Fages en tiempo de su gobierno la siguiera practicando.

	Año de 1791	*Cabezas*	*Valores* *Pesos*	*Reales*
Gentiles trabajaron en la fábrica de la iglesia 63 días	Por 93 toros grandes y 96 toretes ministrados a 97 gentiles del pueblo que trabajaron desde 27 de mayo hasta 28 de julio a razón de tres reses diarias- - - - -	189	516.	0. 0.
	Para retirarse a sus tierras se les dio en el rancho para bastimentos un toro grande y un torete de año - - - - - - - - - - - -	2	5.	4. 0.
Gentiles trabajaron en la fábrica de la iglesia 39 días	Por 19 toros y 11 becerros de año ministrados a 21 gentiles en dicho pueblo que trabajaron desde 28 de agosto hasta 5 de octubre a razón de 3/4 diarios -	030	092.	4. 0.
	Para retirarse se les ministró en el rancho un torete de año- - - - - - - - - - - - - - - -	001	001.	4. 0.

		Cabezas	Valores pesos	Reales
	Año de 1792			
Gentiles trabaja- en la reedificación del presidio 34 días	Por 30 toros grandes y 31 becerros de año ministrados a 40 gentiles del mismo pueblo que trabajaron desde 24 de septiembre hasta 28 de octubre a razón de 1 1/2 reses diarias ---------	061	166.	4. 0.
	Item. para retirarse se les dieron dos toretes de año ----------------------	2	003.	0. 0.
	Año de 1793			
Gentiles trabajaron en la fábrica de la iglesia 38 días	Por 28 toros grandes y 19 becerros de año ministrados a 33 gentiles de dicho pueblo que trabajaron desde 9 de junio hasta 16 de julio a razón de 1 1/4 reses diarias ---------------	47	140.	4. 0.
	Item para retirarse se les dio en el rancho un torete de año -----------------	1	1.	4. 0.
Gentiles trabajaron en la fábrica	Por 16 toros grandes y 27 toretes de año ministrados a 29 gentiles en dicho pue-			

de la iglesia 34 días	blo que trabajaron desde 17 de julio hasta 19 de agosto a razón de 1 1/4 reses diarias - - - - - - - - - - - - - - - - - - -	043	010	4.	4.
	Item para retirarse se les dio en el rancho un torete de año - - - - - - - - - - - - - - - - -	1	000	1.	4.
Cristianos de la mision de Sn. Antonio que trabajaron en la fábrica de la iglesia 28 días	Por 11 toros grandes y 17 toretes de año, ministrados a 25 cristianos de la misión de Sn. Antonio que trabajaron desde 28 de agosto hasta 24 de septiembre a razón de 1 res diaria - - - - - -	028	006	4.	
	Item para retirarse a su misión se les dio en el rancho un torete - - - - - - - - - -	1	000	1.	4
20 cristianos de Sn. Antonio que trabajaron en la obra de la iglesia 30 días	Por 5 toros grandes y 23 toretes de año ministrados a 20 cristianos de dicha misión de Sn. Antonio que trabajaron desde 20 de octubre hasta 18 de noviembre a razón de una res diaria - - - -	028	005	4	
	Item para retirarse se les dio en el rancho un torete de año - - - - - - - - - - - - - - - - -	1	000	1.	

Año de 1794

29 gentiles del	Por 20 toros grandes y 24 toretes de año				

		Cabezas	Valores pesos	Reales
pueblo trabajaron en la obra de la iglesia 35 días	ministrados a 29 gentiles del pueblo que trabajaron desde 24 de abril hasta 28 de mayo a razón de una res diaria -------------------------	044	01	1. 6.
	Item para retirarse a su tierra se les dio en el rancho un torete ---------------	001	000	1.
24 gentiles de dicho pueblo que trabajaron en la obra de la iglesia	Por 3 toros grandes y 28 becerros de año ministrados a 24 gentiles de dicho pueblo desde 2 de junio hasta 2 de julio a razón de una res diaria ------------	031	005	6.
	Item para retirarse se les dio en el rancho un torete ---------------------	001	000	1.
19 gentiles de Idem trabajaron en la obra de la iglesia 11 días	Por 3 toros y cinco toretes ministrados a 19 gentiles que trabajaron sólo once días desde 30 de agosto hasta el 19 de octubre ----------------------	008	001	9.
8 cristianos del Carmelo trabaja-	Por 6 becerros de año ministrados a ocho cristianos de la misión del Carmelo en			

ron en dicha obra de la iglesia 12 días	12 días del mes de diciembre que trabajaron en la obra de la iglesia	006	000	9.
8 cristianos de dicha misión del Carmelo y a 22 gentiles	Por 9 toros y 18 toretes ministrados en el año de 1795 a los indios que trabajaron en la obra de la iglesia que a 4 pesos los primeros y a 13 r. los segundos importan ------------------	027	006	3.
		553	142	4.

Hasta fin de diciembre de 1795 fueron ministrados por mí las antecedentes reses y para su constancia lo firmo.–

José Argüello

A.G.N., *Californias*, vol. 21, ff. 412-412v

cristianos una vez y 20, otra. En 1794, trabajaron 29 gentiles en un periodo y 19 en otro y, excepcionalmente, en diciembre, ocho indios cristianos.

Comparando el número de indios que iban a trabajar al presidio y a la misión con las estadísticas, su número aparece como una gran concentración. Según la estadística de 1791,[68] el presidio contaba con 202 habitantes, de los cuales 73 eran mujeres, y el pueblo de San José de Guadalupe sólo con 78 habitantes, de los cuales 30 eran mujeres. Los indios gentiles que trabajaron en la iglesia y en el presidio, y aun los cristianos, deben haber sido llevados al trabajo desde las rancherías vecinas.

Las raciones de carne que recibieron esos indios fueron de "aquellos toros que se consideraban inservibles por viejos y cargados, como asimismo algunos toretes enfermizos y flacos, lo cual se continuó ejecutando en consideración a que no les era suficiente la corta ración de maíz o trigo que se les ministraba".[69] Según lo que apuntó el habilitado José Argüello en la "Razón. . .", entre 1 1/2 y 1 1/4 de res se repartía diariamente a los sirvientes.

Entre los 19 instrumentos de gobierno que José de Gálvez elaboró en 1769 para la península de California, está un "No. 16 Reglamento de salario y jornales que se había de observar en el departamento norte de California".[70] En ese Reglamento apuntó Gálvez "la cota de raciones que deben darse a los faeneros y sirvientes para que no se les haga fraude ni sufran la miseria y desnudez que anteriormente padecían". Refiriéndose a los sirvientes nativos dice: "A los indios naturales, que se han de destinar a los trabajos más suaves. . . se les darán 6 pesos

[68] *Descripciones económicas, cit.*, pp. 18-19.
[69] A.G.N., *Californias,* vol. 21, ff. 413-413v.
[70] A.G.N., *Californias,* vol. 13, ff. 236v-240.

en dinero al mes y cada semana un almud de maíz, trigo u otra semilla equivalente, o tres cuartillos de harina común a falta de estos granos y media arroba de tasajo o una de carne fresca". Quiere decir, respecto a la carne, que una arroba de carne fresca (o sea lo equivalente a 11 kg. y 502 gramos) debía alcanzar a cada sirviente para los siete días de la semana. Hay que recordar que se trata, en la mayoría de los casos, de un sirviente cabeza de familia.[71]

Quizá porque los tiempos no eran propicios para gastar en proyectos de mejoramiento de los indios, las contratas de artesanos de 1795 y 1796 se empezaron a hacer con precaución y hasta no tener noticias frescas y fidedignas de los resultados que se habían obtenido con el envío de los primeros artesanos.

En 1794, cumplieron su contrata los tres artesanos que quedaban del año de 1791. Salvador y Joaquín Rivera, oficiales de cantero, volvieron a sus casas en 1795, "por no avenirse a quedar en la península".[72]

[71] Como a veces se suele decir: intentemos un "cálculo prudencial" para poder imaginar mejor la repartición de raciones. Una arroba de carne fresca, es decir 11 kg. y 502 gramos era la ración para siete días para un sirviente, ya fuera solo o con familia; le tocarían, por tanto, diariamente 1 kg. 643 gramos de carne. En 1791 hubo 97 sirvientes, para los que, en este caso se necesitaban 159,384 kilos de carne diariamente.

Según un informe de julio de 1982 de la Secretaría de Agricultura y Recursos Hidráulicos de México ("2. Rendimiento en carne del sacrificio de bovinos en el país 1972-1982"), el peso de la carne, huesos y cebo en canal de una res es más o menos la mitad del peso de la res en pie. En promedio, en el presente una res pesa 360 kg., así que considerando la mejora del ganado y los métodos modernos de matanza, es de creer que efectivamente, para dar la ración a los sirvientes se repartiera una y media o una y un cuarto de res diaria y que los sirvientes recibieran, más o menos la ración que determinó para ellos, don José de Gálvez.

[72] A.G.N., *Californias,* vol. 6, f. 308.

Fueron despachados a San Blas en la fragata "Princesa"; calculaba el gobernador Borica que esta embarcación zarparía de Monterrey el 7 u 8 de abril, que llegaría a San Blas en los primeros días de mayo y que para el 15 de ese mes ya estarían los artesanos en Guadalajara. Por tanto se les pagaría su salario hasta ese día.[73]

Respecto al maestro albañil y cantero Manuel Esteban Ruiz, parece que quiso quedarse en Monterrey, pues en diciembre de 1794 solicitó una prórroga a su contrata para quedarse, y aun estaba de acuerdo en que se le rebajase su salario de 18 a 14 reales diarios. Apoyó la solicitud el padre presidente de las misiones de la Nueva California, fray Francisco de Lausen, quien pedía al gobernador de Californias que se quedara Ruiz por uno o dos años más, "respecto a lo bien que trabaja en su oficio, al esmero que pone en enseñar a los indios y a lo adelantado que tiene la iglesia de la misión del Carmelo con proporción al corto tiempo que se ha empleado en su fábrica y a la buena conducta que siempre ha manifestado".[74] En caso de concedérsele la prórroga, Ruiz pedía que se dispusiera la traslación de su familia desde Guadalajara a Monterrey, suministrándole, por su cuenta, para el expresado fin, la cantidad de 250 pesos.[75]

El gobernador Borica aprobaba la prórroga de la contrata porque le constaba la aplicación y buena conducta del maestro albañil y cantero. Decía además, que si el virrey se dignaba acceder a la solicitud de Ruiz "se lograrán radicar en estos nuevos establecimientos los oficios de cantero y albañil tan necesarios para las iglesias que están empezadas en las misiones del Carmelo,

[73] *Ibídem.*
[74] *Ibíd.,* f. 307.
[75] *Ibídem.*

San Gabriel y San Buenaventura y otras y para las demás obras que necesariamente se han de emprender en lo sucesivo porque aunque tenemos aquí otro maestro cantero y tres oficiales del mismo oficio que deben subsistir hasta enero de 96 no tiene ninguno de ellos las calidades apreciables de Ruiz para trabajar, enseñar y dar buen ejemplo a los indios".[76]

En México, el fiscal de Real Hacienda y el virrey aprobaron la prórroga de la contrata de Ruiz hasta el 30 de junio de 1796 con el salario de 14 reales diarios.

En la certificación de asistencia de José de Argüello, teniente de caballería y comandante interino del real Presidio de Monterrey para el año de 1795, consta que estaban dependientes del presidio los siguientes artesanos[77]:

El maestro albañil y cantero Manuel (Esteban) Ruiz, en la misión de San Carlos, a quien se le había prorrogado su contrata en 1795 con el nuevo salario de 14 reales diarios.

El oficial cantero Salvador Rivera, en la misión de San Luis, con doce reales diarios que disfrutó hasta el día 15 de mayo de 1795 por haber cumplido el tiempo de su contrata.

El oficial cantero Joaquín Rivera, en el presidio, con 10 reales diarios que disfrutó como el antecedente, según su contrata.

El maestro albañil y cantero Santiago Ruiz, en la misión de Santa Cruz con catorce reales diarios.

El maestro molinero y carpintero Cayetano López en la misión de San Luis, con 11 reales diarios.

El oficial cantero Pedro Alcántara, en la misión de San Luis, con 7 reales diarios.

[76] *Ibídem.*
[77] *Ibíd.*, f. 304.

El maestro carpintero José Antonio Ramírez, con 10 reales diarios.

El maestro tejedor Antonio Domingo Henríquez, en la misión de la Santa Cruz, con doce reales diarios.

El oficial albañil y cantero Toribio Ruiz, con 8 reales diarios.

De los artesanos que estaban en Monterrey en 1795, cinco habían sido contratados en 1792: Antonio Domingo Henríquez, "como tejedor de lo ancho y batanero", en 1794 y Toribio Ruiz, oficial de albañil y cantero, contratado el 10 de noviembre de 1794 por cuatro años con salario de 365 pesos anuales, es decir ocho reales diarios.[78]

En cuanto al maestro herrero y armero Pedro González, el virrey ordenó que pasara de la misión de Santa Cruz al presidio de Monterrey para que se aplicara a la composición del armamento del presidio; asimismo que el gobernador informara si González tenía la instrucción e inteligencia que se requería para ese trabajo. También quería saber el virrey si el herrero y armero que en el año de 93 estaba en el presidio de San Diego aún vivía y estaba allí.[79]

Sobre la contratación de cuatro nuevos artesanos que el gobernador solicitaba en 1795, el fiscal de Real Hacienda dictaminó que "para aumentar gastos de tanta consideración como preparan las nuevas contratas por salarios tan ventajosos, sería mejor esperar las noticias de lo que en este tiempo se ha adelantado, pues en él pueden muy bien haberse aprendido los más de los oficios con mediana aplicación".[80] No sabemos si llegaron las noticias que esperaba el fiscal de Real Hacienda,

[78] *Ibíd.*, f. 309.
[79] *Ibíd.*, f. 306.
[80] *Ibídem.*

pero el caso es que el 11 de noviembre de 1795, el habilitado general de los presidios, teniente Manuel Carcaba, comunicaba al gobernador Borica que en Junta Superior de Real Hacienda se había aprobado la contrata por cinco años de los artesanos Joaquín Botello, Mariano Tapia, Manuel Muñoz y Mariano Mendoza.

Respecto a lo ventajoso de los salarios que menciona el fiscal de Real Hacienda, es útil compararlos con los de otros sirvientes. Por ejemplo: los salarios de los artesanos que formaban parte de la guarnición adscrita a los presidios de las Californias, en 1792-1794 eran:

> En el de Monterrey, un carpintero, 240 pesos al año.
>
> En el de Loreto, en el Departamento de Marina, un carpintero de ribera, 240 pesos, un herrero, 240 pesos, un calafate, 240 pesos anuales.
>
> En el de San Francisco, no había sirvientes artesanos.
>
> En el de Santa Bárbara, no había sirvientes artesanos.
>
> En el San Diego, un carpintero, 240 pesos anuales.

De lo que se desprende que, en general, los sirvientes-artesanos de los presidios ganaban 240 pesos al año. Hay una excepción de la que queda constancia: los ministros de Real Hacienda mandaron decir al gobernador Borica, en 1796, que el salario del carpintero adscrito al presidio de San Diego era sólo de 180 pesos al año[81] y que, por lo tanto, en el siguiente "ajuste" o liquidación había que rebajarle al carpintero lo que había recibido de más. El error fue corregido, aunque hay que decir que desde 1802 hasta 1809, las plazas de carpintero y herrero, con dotación de 180 pesos anuales cada una, estuvieron vacantes en el presidio.[82]

[81] *Ibíd.*, f. 300-302.

[82] A.G.N., *Californias*, vol. 21, ff. 45, 157, 239.

Comparado el salario de los artesanos especialmente contratados con los asignados a los sirvientes de los presidios, efectivamente los salarios de los artesanos eran "ventajosos", como lo asentó el fiscal de Real Hacienda.

El maestro albañil y cantero Manuel Esteban Ruiz, ganaba 18 reales diarios, esto es 821 pesos 2 reales al año. El otro maestro albañil y cantero, Santiago Ruiz, ganaba 14 reales diarios, esto es 638 pesos 6 reales al año.[83] El sueldo de José Antonio Ramírez, maestro carpintero, era de 456 pesos 2 reales al año y el de Pedro González, herrero y armero, de 638 pesos 6 reales anuales.[84]

Comparados los salarios de los artesanos de Californias con otros de sirvientes de las provincias internas, también resultan ventajosos. Por ejemplo, el salario del maestro curtidor, zurrador y zapatero Miguel Sangrador, que murió en la misión de Santa Clara,[85] era de mil pesos anuales, misma cantidad que ganaba el administrador de la hacienda de San Agustín de los Amoles y sus anexas, perteneciente al Fondo Piadoso de las Misiones de Californias, del cual se pagaba a los misioneros de Alta California 400 pesos anuales y 350 pesos a los dominicos. En la hacienda de San Agustín de los Amoles servían alrededor de 300 individuos y sus productos importaban unos 25 mil pesos al año.[86]

83 En 1585 el salario de un oficial de cantero que trabajaba en la construcción de la catedral de México fue de 350 pesos por un año, de un cantero, 500 pesos; de otro cantero, 300 pesos al año, Silvio Zavala, *Una etapa en la construcción de la catedral de México, alrededor de 1585*, México, D.F. El Colegio de México, 1982, p. 15.

84 A.G.N., *Provincias Internas*, vol. 101, ff. 132v.

85 *Ibíd.*, ff. 131-131v.

86 Cfr. María del Carmen Velázquez, *Cuentas de sirvientes de tres haciendas y sus anexas del Fondo Piadoso de las Misiones de Californias*, México, El Colegio de México, 1983, pp. 124 y ss.

Los sueldos de los oficiales militares y de la tropa del presidio de Monterrey eran de: el del teniente León Antonio Parrilla, 550 pesos anuales; el del alférez Hermenegildo Sal, 400 pesos; el del cirujano Pablo Soler, 840 pesos; el del sangrador José Castillo, 360 pesos; el del sargento, 262 pesos 4 reales; el de un cabo 225 pesos y el de un soldado, 217 pesos 4 reales. Estos militares gozaban además de gratificaciones y raciones.[87]

Por otra parte, esos artesanos contratados para enseñar sus oficios a los indios de Alta California y que en buena medida fueron los que construyeron las iglesias de las misiones, no eran sirvientes comunes y corrientes. Por lo general se les llamaba artesanos, pero también menestrales[88] y artistas.[89] Eran maestros y oficiales, no peones que no sabían en qué condiciones irían a practicar su oficio ni que correrían muchos riesgos yéndose a trabajar a los nuevos establecimientos. De los 14 artesanos mencionados en los documentos, tres no completaron su contrata y, hasta donde se sabe, sólo el maestro albañil y cantero Manuel Esteban Ruiz y quizá el maestro herrero y armero Pedro González quisieron prolongar su estancia en la Nueva California cuando terminó su contrata.

Según se puede apreciar por los documentos estudiados, los misioneros dispensaron buena acogida a los primeros artesanos albañiles, canteros, herreros, armeros y carpinteros que llegaron a Monterrey, quienes se ocuparon en construir sus casas e iglesias. También al curtidor, zurrador y zapatero que murió y que parece no haber sido reemplazado. Otra suerte corrieron los sastres; los primeros que llegaron al presidio no perma-

87 A.G.N., *Californias,* vol. 6. ff. 271-271v.
88 A.G.N., *Californias,* vol. 6, ff. 249.
89 A.G.N., *Provincias Internas,* vol. 101, f. 128.

necieron allí mucho tiempo y ni siquiera terminaron el tiempo de su contrata. Los siguientes artesanos que fueron enviados a la Nueva California tenían oficios distintos a los de los primeros artesanos: listonero, tejedor y alfarero, con lo que los indios pudieron aprender otros oficios.

El listonero Manuel Muñoz debía al pasamanero José María Solís, en su lugar de origen, quince pesos cinco reales, los cuales pagó el habilitado de los presidios para que Muñoz pudiera irse a Monterrey.[90] En 1796, el gobernador Borica escribía a Carcaba que si le llegaba a tiempo su carta no le enviara la listonería de número y el rebesillo que se habían pedido en las memorias de los presidios, pues había llegado el maestro listonero que la fabricaría con la seda que esperaban ese año.[91] Contestó Carcaba que la carta había llegado oportunamente.[92]

El sastre Joaquín Botello y su mujer María Herrera pidieron al habilitado Carcaba 264 pesos para comprar efectos que llevaron a Monterrey en cinco cajones. Los efectos quedaron en prenda de pago hasta que se les descontara su importe del primer salario al sastre Botello.[93]

Probablemente esos efectos de Botello eran ropa o telas, que se proponía vender en Monterrey, y quizá sus efectos personales y sus herramientas de trabajo.

Para enseñar sus oficios a los naturales, el listonero, tejedor de ancho y el alfarero, necesitaron "útiles" que no llevaron consigo a Monterrey. Consta que el habilitado compró unos "útiles" por cuenta de la Real Hacienda y que los envió a Monterrey. En 1797 no había materia-

[90] A.G.N., *Californias*, vol. 6, f. 323.
[91] *Ibíd.*, f. 314.
[92] *Ibíd.*, f. 315.
[93] *Ibíd.*, ff. 318-319.

les de trabajo para el maestro alfarero, quien no los pudo pedir a tiempo porque se encontraba en el presidio de San Francisco.[94] Borica escribía al habilitado que si el alfarero había de trabajar ese año, era necesario que le enviaran los "útiles" que le hacían falta. Carcaba pudo enviar a Monterrey algunos materiales porque el envío de efectos se había retrasado y la carta del gobernador llegó a tiempo para incluirlos en la Memoria que enviaba a San Blas.

Seguramente que unos pocos indios de California se beneficiaron con la ayuda que prestó el rey para que aprendieran algunos de los oficios de los españoles, pero la suerte de la mayoría fue triste. Como hemos visto, los "recursos humanos" nativos no resultaron renovables en California. En 1799, el gobernador Borica repetía en la Relación sobre la provincia de California lo que ya había dicho en las relaciones de años anteriores: los sirvientes indios se extinguían debido a la ninguna consideración con la que se les trataba y a la miserable e insalubre situación en que vivían.[95] Por otra parte ésta fue con frecuencia la suerte de los indios gentiles de frontera durante la colonización española.[96]

[94] *Ibíd.*, ff. 337-338.

[95] *Descripciones económicas, cit.*, p. 54.

[96] Cfr. Silvio Zavala, *El mundo americano en la época colonial*, México, D.F. Editorial Porrúa, S.A., 1967, I, 328.

SIRVIENTES DE PUNTA DE GUIJARROS

Estando comisionado en el presidio de San Diego, Antonio Grajera fue ascendido a teniente el 14 de julio de 1792.[97] Cinco años después, en 1797, era el comandante del dicho presidio y rendía cuentas al gobernador Borica de los gastos de su administración.[98]

Según un "Plano del puerto de San Diego en la costa septentrional de Californias, levantado por el 2o. piloto de la armada D. Juan Pantoja", en el año de 1782, los españoles construyeron un fuerte en la lengüeta de tierra que casi cerraba la entrada al puerto de San Diego. A esa lengüeta le dieron el nombre de Punta de Guijarros. La tropa destacada en ese fuerte necesitaba que del presidio de San Diego le enviaran todo: "agua, víveres y demás necesarios y surtir aquel de los pertrechos que puedan faltarle".[99]

Para acarrear el agua y demás pertrechos[100] del pre-

[97] A.G.N., *Californias*, vol. 6, f. 287.
[98] A.G.N., *Californias*, vol. 21, ff. 369-369v.
[99] *Ibíd.*, f. 381.
[100] "Real Cuerpo de Artillería".

Digo yo Francisco Argüelles, cabo primero de dicho real cuerpo que he recibido del teniente señor Don Antonio Grajera los efectos que expreso para el servicio de la fortaleza de Punta de Guijarros que tengo a mi cargo y es lo siguiente:

sidio al fuerte, se necesitaban carretas "para conducir los efectos hasta la playa y una barca plana para que

---

Por 210 hojas o piernas de guangoche de abrigo para hacer tacos y sacos de metralla.
Por 136 petates de palma para el mismo fin.
Por 1/2 libra de pita floja para coser los cartuchos de cañón.
Por 2 madejas de hilo de reata para amarrar tacos.
Por un barril para tener agua y refrescar los cañones en caso necesario.
Por 6 zaleas para el mismo fin.
Por 2 eslabones.
Por 4 ataditos de llesca para encender las mechas.
Punta de Guijarros 20 de Diciembre de 1797.– Francisco Argüelles", A.G.N., *Californias*, vol. 21, f. 378.

No. 7 *Real presidio de San Diego*

Relación de los efectos que para servicio del fuerte de Punta de Guijarros se han suplido por esta Habilitación de cuenta de la Real Hacienda en este año de 1797

	Pesos	Reales	Granos
Por 210 hojas o piernas de guangoche de abrigo, que para hacer tacos y sacos de metralla entregué al cabo de artillería Francisco Argüelles como consta de su recibo que acompaño con no. 1 y a razón de cuatro hojas por 3 rs. importan	019	5	06
Por 136 petates de palma a 1 real que para el mismo fin entregué a dicho cabo y consta ídem.	017	0	0
Por 1/2 libra de pita floja en 1 real 9 granos que para coser los cartuchos de cañón entregué al mismo cabo y consta ídem.	000	1	09
Por 2 madejas de hilo de reata para amarrar tacos id. id. a 2 1/2 reales.	000	5	0

desde ella se transporten a la punta de Guijarros".[101] Todo lo cual requería de sirvientes que efectuaran el acarreo y de artesanos que atendieran al mantenimiento de la carreta y la barca plana.

El gobernador tenía ordenado que se aprovechara la estancia de los barcos del rey en los puertos para que los artesanos de la tripulación ejecutaran los trabajos que, por falta de individuos que los supieran hacer, quedaban pendientes en los presidios.

En 1797, Antonio Grajera aprovechó la estancia de la fragata Nuestra Señora del Rosario, alias la Princesa, anclada frente al puerto de San Diego, para pedirle a su comandante que ordenara a los maestros calafates y carpintero de la fragata que carenaran la "lancha del castillo". En la carena los artesanos gastaron material que había almacenado en el presidio: brea, estopa, plomo, fierros de calafate, un cazo para derretir la brea, un cajón y 3 ahujas veleras.[102]

Por un barril para tener agua y refrescar los cañones en caso necesario íd.	002	0	0
Por 6 zaleas para el mismo fin a 1 1/2 reales.	001	1	0
Por 2 eslabones a 2 reales y 2 reales de yesca para encender la mecha íd.	000	6	0
Por 730 velas de sebo a 32 por 1 pesos consumidas a dos cada noche en todo el año en el fuerte.	022	6	0
Total	*064*	*1*	*3*

Importan los relacionados efectos sesenta y cuatro pesos un real y tres granos. San Diego 31 de diciembre de 1797.– Antonio Grajera. A.G.N., *Californias,* vol. 21, f. 377.

101 *Ibíd.,* f. 382.

102 *Ibíd.,* f. 366.

Grajera pagó a los artesanos de la fragata a razón de la mitad del salario del que gozaban normalmente.[103]

También aprovechó Grajera la estancia de la fragata Princesa para que el tonelero de dicho barco le compusiera las pipas del castillo y el barrilaje de la aguada del fuerte.[104] Por ese trabajo, José Márquez, el maestro tonelero, le cobró seis pesos por doce días de trabajo.

Había tres carretas en el presidio y para tirar de ellas Grajera había comprado ocho bueyes "que se hicieron o amansaron para dichas carretas, comprados en la misión de San Juan Capistrano a 4 pesos cada uno".[105]

103 "No. 2. Relación de los jornales vencidos por la maestranza de la fragata Princesa en la carena de la lancha plana del uso del castillo en el presidio de San Diego.

Carpinteros	*Pesos*	*Reales*
1o. Jare Toris por 5 días a razón de medio jornal de 14 reales que goza.	4	3
2o. Vicente Ortega por ídem de 12 reales.	3	6
Calafates		
1o. Joaquín Cruz por 8 días a razón de medio jornal de 10 reales que goza.	5	0
2o. José Camarena por ídem de 6 reales que goza.	3	0
Total	*16*	*1*

Recibimos del Sor. comandante de este presidio Don Antonio Grajera las cantidades que cita esta relación y para resguardo de dicho señor damos esta en el dicho presidio de San Diego a 8 de octubre de 1797.– Por no saber firmar los dos citados maestros lo hice a su ruego.– Salvador Menéndez.– A.G.N., *Californias*, 21, f. 371.

104 *Ibíd.*, f. 369.

105 *Ibíd.*, f. 368v.

Un vecino artesano del presidio, Máximo Rosas, hizo ese año, por ocho pesos, dos ruedas para carreta.[106]

Una vez cargada la barca plana frente al presidio era necesario conducirla a remo hasta la punta de Guijarros. Para hacer este trabajo, Grajera ocupó cuatro indios gentiles que estaban presos en el presidio. Por el trabajo de remeros, desde el primero de enero al trece de agosto, Grajera les dio una frezada a cada uno y para los cuatro, para que se las repartieran, seis varas de bayeta para cotones y seis varas de manta ancha para taparrabos. Estos efectos importaron nueve pesos cuatro reales seis granos.

El gobernador Borica tenía ordenado al comandante del presidio de San Diego que cuando le faltaran indios presos para el manejo de la barca, que era indispensable mantener en uso para proveer de víveres, agua y otros efectos al fuerte de Punta de Guijarros, como quedó apuntado, echara mano de indios de misión, pagándoles lo acostumbrado, y que cargara su importe en la cuenta de fortificaciones.[107]

Quizá la costumbre a la que se refería Borica databa del tiempo de Gálvez, de las disposiciones contenidas en uno de los decretos que expidió para la provincia de California, en 1769. Ese año Juan Gutiérrez tenía empleados catorce indios en la fragua con las anclas. Antes de terminar el trabajo, Gutiérrez le preguntó al presidente de los misioneros cuáles eran las condiciones bajo las que el Gobierno podía emplear a los indios del pueblo, así "para las canoas como para hacer carbón u otros oficios indispensables".[108] El ministro misionero le contestó que "siempre que le pidan algún indio para

[106] *Ibíd.*, ff. 369-370.
[107] *Ibíd.*, f. 376.
[108] A.G.N., *Californias*, vol. 13, ff. 220-221v.

cualquier faena se le ha de dar a más de la ración diaria lo que fuera justo en dinero según los días que trabajaren y lo mismo cualquier indio de otra misión". Consultado Gálvez sobre este asunto decretó: "que a los indios naturales ocupados en las faenas regulares y ordinarias, como lo son las que se citan de andar en las canoas del REY y trabajar en la fragua se les ha de satisfacer su jornal a razón de seis pesos al mes y en las extraordinarias faenas que puedan ofrecerse del mismo real servicio, como también en las obras de la población nueva que he mandado hacer en Loreto y Casas Reales para el gobierno e intendencia de Real Hacienda han de ocuparse y trabajar no sólo los naturales que estuvieren congregados en Loreto sino también los demás que resolviere el jefe de la península según el repartimiento hiciere a las misiones de ella de indios trabajadores, dando sus órdenes directamente a donde y como le pareciere pues su autoridad real y superior no depende sino de S.M. y los que en estos dominios le representan, sin necesidad de contemporizar con los Rdos. Pes. administradores de las misiones, a quienes por medio del Rmo. presidente se les pasará copia de esta superior resolución mía para su inteligencia y observancia, pero al mismo tiempo advierto que a los dichos indios de repartimiento se les dé la ración que tengo asignada a todo sirviente y jornalero en mi reglamento. Gálvez".[109]

Los indios que había presos en el presidio eran aquéllos generalmente castigados por "cimarrones, rateros o matadores de ganado", y si se empleaban como remeros no había que pagarles salario.[110] Según asentó Grajera, faltaron en esa ocasión indios gentiles presos "útiles" y entonces pidió al padre ministro que le pro-

109 *Ibídem.*
110 *Ibíd.*, ff. 381-381v.

porcionara cuatro indios de misión. Estos indios sirvieron desde el 14 de agosto hasta el 31 de diciembre de ese año. Grajera pagó al misionero por jornal de los cuatro indios, a razón de 1 1/2 reales diarios, ochenta y cuatro pesos seis reales.[111]

Ciertamente había diferencia entre el pago de 84 pesos 6 reales por cuatro sirvientes de misión en 113 días, y el de 9 pesos 4 reales 6 granos por el de los mismos cuatro sirvientes, pero indios gentiles, probablemente por 252 días; sólo que el beneficio del jornal lo recibió el misionero, no los indios remeros.[112] En las raciones que recibieron tanto los indios gentiles presos como los de misión, se gastaron 30 fanegas 5 almudes de maíz a 21 reales la fanega. Se destinó un almud de maíz diario para los cuatro sirvientes, y siete toros y 5 novillos, con costo de 4 pesos cada animal, lo "que a uno cada mes han consumido" los indios remeros. El costo total de remeros, en 1796, fue de 212 pesos 4 reales 9 granos.[113]

[111] *Ibíd.*, f. 374.

[112] Don Antonio Grajera. Teniente de caballería y Comandante del real presidio de San Diego:

> Certifico que en la cuenta que llevo con la misión de San Diego respectiva al año que finaliza hago el abono de ochenta y cuatro pesos seis reales por el jornal de uno y medio reales diario que ganaron cada uno de cuatro indios trabajando en servicio del fuerte de Punta de Guijarros en 113 días laborables desde 14 de agosto hasta esta fecha: Y para que conste doy la presente en el mencionado presidio a 31 de diciembre de 1797.– Antonio Grajera.
>
> Digo yo el infra escrito ministro de esta misión de San Diego que la cuenta arriba citada está legal y que no tengo nada que decir y lo firmo en dicha misión día 8 de enero de 1798.– Fr. Juan Mariner. A.G.N., *Californias*, vol. 21, f. 375.

[113] *Ibíd.*, f. 374.

En 1802, José Joaquín de Arrillaga, quien sucedió a Diego Borica como gobernador de Californias, avisaba al virrey que don Antonio Grajera, capitán graduado del presidio de San Diego, había fallecido,[114] y que en su lugar había quedado el teniente de caballería Manuel Rodríguez, como oficial habilitado del presidio.

Este oficial encontró muy deteriorados los útiles de Real Hacienda destinados a la conservación del fuerte y de la barca plana de Punta de Guijarros.[115] En octubre de 1803, el gobernador Arillaga le había comunicado a Rodríguez que ya había escrito al virrey informándole que era necesario reemplazar la barca plana, o por lo menos repararla carenándola, para que pudiera servir por lo menos otro año. Además, por la experiencia que tenía, le advertía que "dejando para el año la composición de la barca plana no sólo se echa a perder más breve, sino que su gasto será mucho mayor y así era preciso darle entre año su recorrida de sebo, no habiendo otra cosa de brea o alquitrán y así se conserva la madera mucho tiempo".[116] Le recomendaba que estuviera pendiente del arribo de la fragata Princesa, para que con los materiales que trajera el barco le hiciera una carena de firme a la barca plana. De perder la ocasión sería preciso vararla y costaría duplicado a la Real Hacienda el auxiliar al destacamento de Punta de Guijarros.

En noviembre de ese año los artesanos de la maestranza de la dotación de la fragata Princesa hicieron la carena de la barca plana. Trabajaron en ella tres calafates y dos carpinteros, a los cuales se les pagaron 25 pesos un real a razón de medios jornales.[117]

[114] *Ibíd.*, f. 388.
[115] A.G.N., *Californias*, vol. 51, f. 150.
[116] *Ibíd.*, ff. 152-152v.
[117] *Ibíd.*, f. 153.

Ese año también, Miguel Antonio Guillén, soldado de la compañía presidial destinado al servicio y gobierno de la barca plana, recibió 30 libras de brea para embrear la barca, los barriles y pipas de la aguada de la guarnición de Punta de Guijarros y catorce brazas usadas, de tres pulgadas de grueso, para amarre de la barca por haberse deshecho la guindaleza que había.[118]

Asimismo, Felipe Romero, soldado armero de la compañía presidial de San Diego, reforzó los aros y añadió uno que se había reventado a una de las pipas de la aguada de la guarnición del fuerte de Punta de Guijarros, para lo cual empleó cuatro libras de fierro. Había en el fuerte cuatro pipas, pero dos se deshicieron naturalmente por estar podridas las duelas y deshechos los aros, a causa del moho, decía Rodríguez, "por el continuo ambiente de la mar".[119]

A los remadores que atravesaban la barca del presidio al fuerte, por ser indios "de los que para corrección se mantienen como presidiarios destinados al servicio de dicha barca",[120] se les dio ración de un almud de maíz diario y sólo tres novillos para los cuatro. Además, para cubrir su desnudez, el habilitado les dio una frezada a cada uno y 12 varas de bayeta para cotones, 12 varas de manta ancha para taparrabos y 4 reales de hilo, efectos que habían de repartirse entre los cuatro. En 1803, se consumieron en el cuerpo de guardia del fuerte de Punta de Guijarros 730 velas de sebo a razón de dos cada noche.

Al año siguiente, en 1804, los del fuerte estrenaron lancha nueva. En septiembre de 1803, en Junta Superior de Real Hacienda se aprobó el gasto de la cantidad de

118 *Ibíd.*, f. 158.
119 *Ibíd.*, f. 150.
120 *Ibíd.*, f. 155.

688 pesos 6 reales para mandar hacer en San Blas una barca plana de 25 pies de eslora, con destino de socorrer, desde el presidio de San Diego a la guarnición del fuerte de Punta de Guijarros. El comandante de San Blas tenía el encargo del virrey de escoger las mejores maderas para construir la barca y una vez concluida remitirla a San Diego en la primera oportunidad. Dispuso también el virrey que una vez recibida la nueva barca se quemara la antigua, recogiendo sólo el fierro que tuviera.[121]

Conducida por la fragata Princesa llegó la nueva barca plana a San Diego y allí en la playa frente al presidio la acabaron de armar los artesanos de la maestranza de la fragata. En nueve días, seis carpinteros, tres calafates y otros siete artesanos dejaron lista la nueva barca.[122]

El 16 de noviembre de 1804, el teniente Rodríguez levantó la siguiente acta: "El diez y seis del último noviembre, pasé con asistencia del sargento Joaquín Arce, cabo Cristóbal Domínguez y los soldados Felipe Romero y Salvador Bejar, que ejerce de herrero y éste de carpintero a dar al fuego la barca vieja ya inútil, que tenía el mismo destino de auxiliar la indicada guarnición; y después de haberse enteramente quemado en mi presencia y la de los concurrentes, les advertí se recogiese el fierro y clavazón que había, lo que ejecutado en el mismo acto se trasladó a la habilitación de este relacionado presidio donde también, en presencia de los ya citados se pesó y se encontraron una arroba y veinte una libras de fierro viejo, el que por ser de esta clase refirió el herrero tendría la mitad de merma; y para que conste por diligencia lo firmamos y juramos en

121 *Ibíd.*, ff. 172-172v.
122 *Ibíd.*, f. 174.

debida forma en el mencionado presidio, día, mes y año expresados".[123]

El año de 1804 fue bisiesto, por tanto Rodríguez apuntó que había dado ración de maíz a los cuatro indios remadores de la barca los 366 días del año. También les dio 3 novillos, la frezada, bayeta, manta ancha e hilo acostumbrado.[124]

En 1806 hubo cambio de habilitado del presidio de San Diego. Manuel Rodríguez entregó el cargo al alférez Ignacio Martínez y éste a su vez al teniente José Antonio de la Guerra. Para ese año, las que estaban viejas eran las dos carretas.[125] Seguían atravesando la barca cuatro remeros indios, no sabemos si los mismos de años anteriores u otros, a quienes se les dio la misma ración de maíz y los mismos efectos de años anteriores.[126]

123 *Ibíd.*, ff. 173-173v.
124 *Ibíd.*, f. 176.
125 *Ibíd.*, f. 277.
126 *Ibíd.*, f. 282.

SOBRE ESTABLECIMIENTOS DE UN OBRAJE EN LA VILLA DE SANTA FE DEL NUEVO MEXICO

Según lo que se puede apreciar por los escritos de los gobernadores de las Californias, los indígenas de esa nueva provincia no les merecieron mayor aprecio. Juicios muy distintos formuló el gobernador Fernando de la Concha sobre los pobladores de la gobernación de Nuevo México.

En esa provincia, en la segunda mitad del siglo XVIII, habitaban indios comanches, yutas, navajos, gileños principalmente. Se trataba de varios miles de indios bien organizados, cuyos caudillos negociaban, en términos de igual a igual, con las autoridades españolas. Los gobernadores españoles necesitaban proceder con cautela para saber con cuál o cuáles de esas tribus se aliaban para mantener a raya a otras y especialmente a los temidos apaches.[127]

En 1786, Fernando de la Concha sucedió a Juan Bautista de Anza en el gobierno de Nuevo México. Luego de

[127] "Contiene copia de la carta no. 46 de 21 de diciembre de 1786 dirigida al Excmo. señor marqués de Sonora y de una orden pasada al gobernador del Nuevo México en 6 de octubre del propio año a fin de enterar a S.M. de la designación de seis mil pesos hecha para gastos extraordinarios de paz y guerra de aquella provincia".

"Con el fin de facilitar a V.S. el cumplimiento de las provitomar posesión, Concha informó al virrey con entusiasmo sobre su gobernación, decía: "Los Indios de los Pueblos son aplicados al trabajo, cultivan con esmero y utilidad sus tierras, como lo acreditan las abundantes cosechas que recogen. Se abastecen amplia y suficientemente para todo el año y venden con constancia una gran parte sobrante. Tienen sumo cuidado en la cría de ganados de toda especie, son sumamente laboriosos y fabrican por sí todos los tejidos groseros de que se visten. Gozan de mucha más comodidad que todos los

dencias que le he comunicado en órdenes de ayer relativas a perfeccionar y conservar las paces con los comanches, yutas y navajos y a avivar la guerra contra los gileños hasta estrecharlos o perecer o rendirse, he resuelto consignar, por ahora seis mil pesos anuales para éstas y demás atenciones extraordinarias de esta provincia sobre 7553 pesos 5 1/2 reales que importaron 400 caballos, 20 mulas, 200 carabinas, 3 medallas de plata y un mil pesos en dinero, remitidos en principio de este año.

Para igual tiempo del inmediato dispondré se envíe a V.S. el mencionado auxilio, invertido en las propias especies con una parte en municiones de guerra, otra en paño, bayeta, abalorio, velduques y demás efectos de la estimación de los indios y alguna en dinero, la más corta, respecto a que no les sería de aprecio ni provecho alguno.

Las armas y remonta deben servir para mantener y aumentar el repuesto de ambas especies a fin de usar de ellas en las ocasiones de campaña distribuyéndolas a los vecinos e indios de pueblo que no las tengan propias bajo las reglas y método de cuenta prevenido en orden de 18 de enero anterior.

Los gentiles usarán las armas que han acostumbrado siempre y aunque algunos como los comanches las tienen de fuego adquiridas en su comercio con otras naciones fronterizas a la Luisiana, no sería prudente pusiera V.S. en sus manos las que se le envían, pero no tendré reparo en que por vía de gratificación dé alguna a los caudillos que se distinguen en la guerra contra los apaches y por lo que hace a municiones podrá V.S. distribuir con moderación las que regule de consumo a los que tengan fusiles en cada una de las campañas que hicieren unidos demás indios que yo conozco en las dos Américas. Tienen robustez y agilidad para la guerra. A los de Taos, Pecuries, Pecos y la Isleta se les da el primer crédito de intrepidez, valor y constancia.

El vecindario español es mucho más numeroso y no menos aplicado a la agricultura y cría de ganados. Tienen buen ingenio, pero carecen de toda industria por no haber sido introducida. Las mujeres hilan el algodón y la lana con más perfección que en España. La abundancia de esta última clase o especie y las proporciones de

---

con nuestros destacamentos, absteniéndose de franquearles igual auxilio cuando hayan de operar por sí solos, lejos de nuestra vista, cuya máxima observará V.S. sin manifestarles la más leve desconfianza, con pretexto de necesitar la pólvora y balas para habilitar a los españoles y dificultarse su pronta provisión en el caso de faltar por la larga distancia de los grandes almacenes.

En el uso de las caballerías no se ofrece igual inconveniente por lo que reservando las necesarias para el uso de los vecinos e indios de pueblo que carezcan de ellas podrá V.S. franquear las sobrantes a los gentiles indistintamente que se hallen en el mismo caso, siempre que se apronten para campaña en junta o separados de la tropa: pero procurará V.S. limitar todo lo posible estos auxilios, así por lo costoso de ellos, porque teniendo los comanches según ha informado, considerable cría de caballos, es más regular se provean ellos mismos de los que necesiten y vendan algunos a nuestra gente a lo que los persuadirá V.S. para que se hallen todos en estado de hacer la guerra con igual vigor y constancia. De los demás efectos usará V.S. a su discreción para gratificar oportunamente a los indios y pagar los sueldos a los generales comanches y navajos y sus respectivos tenientes, aplicando el dinero a la compra de víveres y demás de que sea preciso proveerse. Por último debe V.S. procurar que estos gastos produzcan la utilidad a que se dirigen, esto es que gobernándose con una economía bien entendida se eroguen donde y cuando sea más conveniente y se omitan cuando no pueda esperarse algún fruto.– Dios guarde. . .– Chihuahua 6 de octubre de 1786.– Jacobo Ugarte y Loyola.– [Al] Sor. Don. Juan Bautista de Anza". A.G.N., *Provincias Internas*, vol. 65. ff. 150-151.

agua y leña que presta esta villa pudiera facilitar el establecimiento de un obraje completo para fábrica de paños y otros tejidos. Desde fines de octubre en que se recogen las cosechas, hasta primeros de mayo en que se empieza a sembrar todas las gentes están en inacción y apenas salen de su casa por lo crecido de las nieves y sumo frío. Este precioso tiempo lo pudieran invertir en hilar y tejer a favor del fuego y puestos a cubierto por cuyo medio se vestirían con poco costo, habilitarían a la compañía de lo que necesitan para su consumo y correría algún dinero que apenas se conoce".[128]

Propuso, por tanto al virrey establecer un obraje en Nuevo México. Al recibir el virrey Florez la propuesta de Concha, escribió al Comandante General de Provincias Internas solicitando su parecer sobre este asunto; le decía: "Son muy apreciables las noticias que da el gobernador de Nuevo México en su informe sobre las excelentes calidades de los vecinos españoles e indios de aquella provincia.

Asegura que son muy aplicados a la agricultura, a la cría de ganados y a las fábricas de tejidos groseros con que se visten los indios; proponiendo que para fomento de su industria sería útil el establecimiento de un obraje completo para paños y otras manufacturas de la tierra en la misma Villa de Santa Fe, donde hay las proporciones necesarias.

Este es un proyecto que puede ser conveniente y si efectivamente lo fuere me informará V.S. lo que se le ofrezca y parezca para la seguridad de mis determinaciones, avisándome si sobre este punto se ha tratado en otros tiempos y si hay algunas reales órdenes en esa

128 A.G.N., *Provincias Internas,* vol. 161, exp. 9, ff. 257-257v.

Comandancia General que lo favorezcan o prohíban.– Dios, et. México 17 de septiembre de 1788".[129]

Pero don Jacobo de Ugarte y Loyola sólo vio dificultades en el establecimiento del obraje. Contestó al virrey: "La fábrica de un obraje completo para paños y otras manufacturas de la tierra en la Villa de Santa Fe que ha propuesto a V.E. en su informe el gobernador de la provincia del Nuevo México, no la considero conveniente por ahora, así por las razones manifestadas en mi oficio de esta fecha No. 353 donde trato del comercio de aquella provincia en general, como por los crecidos gastos que originaría la formación de oficinas, telares y demás necesario a la verificación del proyecto; sin fondos de donde hacerlos, ni sujetos acaudalados que pudieran emprenderlo de su cuenta.

No tengo presente se haya tratado allí con formalidad de igual establecimiento en otro tiempo; sólo sí consta ha sido propuesto por algunos sujetos celosos, entre otros por el difunto padre fray Juan Agustín Morfi, religioso de la provincia del Santo Evangelio y puede tal vez existir alguna otra contancia del mismo pensamiento en los expedientes antiguos que pasaron de la secretaría de ese virreinato a la de esta Comandancia General al tiempo de su erección, los cuales no tengo proporción de mandar reconocer por ahora respecto de hallarse con el archivo principal de ella en Arispe.

En cuanto a si hay aquí algunas reales órdenes que favorezcan o prohíban el mencionado establecimiento de obraje, sólo puedo decir a V.E. que S.M., a consulta del Supremo Consejo de Indias se dignó aprobar los que se proyectaron en Chihuahua por los capitanes de milicias D. Martín de Mariñelarena y don Manuel de Urquidi y en Durango por el bachiller don Miguel Hidalgo

[129] *Ibíd.*, ff. 258-258v.

quienes propusieron hacerlos de su propio caudal, consignando el último cincuenta mil pesos: y a este efecto se expidieron los reales despachos correspondientes, limitando el permiso de dichos obrajes para fabricar en ellos paños ordinarios, frezadas y otros tejidos groseros que no perjudicasen al comercio de Europa; bajo cuya calidad no me persuado sea opuesto a la mente de S.M. el que se promuevan también en el Nuevo México por identidad de caso y razón, cuando haya proporción para ello; y es cuanto se me ofrece decir a V.E. en satisfacción de su orden de 17 de septiembre último.– Dios guarde a V.E. ms. as. Valle de San Bartolomé 27 de octubre de 1788.– Excmo. Sor.– Jacobo Ugarte y Loyola".[130]

Pasó el asunto a consulta del fiscal de Real Hacienda, Ramón Posada, quien dictaminó en México el 22 de marzo de 1789: ". . . que el proyecto que propuso el gobernador de el Nuevo México en septiembre de ochenta y siete sobre el establecimiento de un obraje: considera el que responde sería muy útil a los progresos de aquel comercio e industria; pero tiene la grave dificultad, de que faltan modelos, maestros, utensilios y todas las proporciones necesarias que no podían costearse de cuenta de la Real Hacienda, ni hay fondo, ni arbitrio en que pudieran consignarse como informa el Sr. Comandante don Jacobo Ugarte y Loyola, con fecha de veinte y siete de octubre de setecientos ochenta y ocho.

Por mayoridad de razón podría permitirse y aún debería protegerse si hubiese proporción puesto que en Chihuahua y Durango se hallan permitidos por S.M. los obrajes, con sólo la limitación de fabricar paños ordinarios, frezadas y otros tejidos groseros, que no perjudican el comercio de Europa, como también informa dicho Sr. Comandante.

130 *Ibíd.*, ff. 259-260v.

V. Exa. en esta atención podrá mandar se manifieste a aquel gobernador la dificultad que se presenta y que siempre que algún sujeto quiera habilitar de su cuenta dicha fábrica, se ocurrirá a S.M. por licencia y aún se le auxiliará en cuanto sea compatible con las leyes, con lo que podrá estimular y alentar a los vecinos de allí o a los de Chihuahua a emprender una negociación que acaso les sería en breve muy útil; y que se comunique la providencia al Sr. Comandante. México 22 de marzo de 1789.– Posada".[131]

El 6 de abril de 1789, convino el virrey Florez con el dictamen del fiscal de Real Hacienda.

Años después, en 1793, en el Informe sobre las misiones de la provincia de Nuevo México, el virrey Revillagigedo decía: "146. No tienen los indios ramo especial de industria: pudiera haberla, porque en algunos pueblos se trabajan buenos tejidos de lana y de algodón; pero su fomento exige providencias costosas y aventuradas a los perniciosos efectos de la ociosidad que domina a los indios".[132]

131 *Ibíd.*, ff. 260v-261v.

132 Conde de Revillagigedo, *Informe sobre las Misiones. 1793*, México, D.F., Editorial Jus, S.A., 1966, p. 54.

ANEXO 1

INSTRUCCIONES DE JOSE DE GALVEZ DE 1769

A.G.N., *Californias*, vol. 13, ff. 208v–260.

No. 1. A vista de que la primitiva reducción de indios de esta península y la primera erección de iglesia de donde se ha propagado la fe católica entre los naturales se hicieron en esta rada bajo el patrocinio de María Santísima en su advocación de Loreto, era natural y consiguiente que como centro de la provincia y capital de las misiones establecidas en ella fuese la población más numerosa y de mayor decoro, pero habiéndose verificado todo lo contrario en tiempo de los regulares expulsos que tuvieron a su cargo estas doctrinas del diladato tiempo de cerca de 80 años pues apenas se halla aquí algún indio descendiente de los que se congregaron, he resuelto después de examinado el terreno por mí mismo y de haber estado en Puerto Escondido que es el inmediato y seguro surgidero para las embarcaciones del REY que se restablezca esta misión poniendo en ella hasta cien familias de indios que se han de traer de las demás de este departamento del norte, contando siempre las pocas que hoy existen aquí y que han venido de las mismas reducciones de la provincia. Y para que tenga efecto este nuevo establecimiento dirigido a restablecer la capital y tan útiles a los naturales como indispensable a promover el bien común de toda la península cometo la ejecución al Gobernador comandante general e intendente de Real Hacienda de ella y al muy reverendo padre presidente de las misiones, ministro que es de esta matriz para que ambos de acuerdo y por sus respectivas representaciones dispongan que de cada una de las misiones o de las más inmediatas según lo tuvieren por conveniente vengan à ésta las familias precisas a completar el expresado número de ciento, en tres o más remesas que han de ser sucesivas y de a veinte y cinco cada una para que desde luego y a proporción que lleguen se les destinen casas y suertes de tierra con arreglo a la particular instrucción que para ello doy con esta fecha, habiendo declarado en otro decreto los efectos, bienes y ganados que deben comprenderse en la administración de temporalidades de la nueva comunidad de indios que encargo a dicho reverendo padre presidente bajo las disposiciones superiores del gobierno y según las reglas con que la tengo confiada a los demás reverendos padres ministros de las otras reducciones y doctrinas. Dado en el Real de Loreto a veinte y nueve de abril de mil setecientos sesenta y nueve.– Dn. José de Gálvez.

No. 2. Para que se restablezca en decoro de toda la provincia esta primitiva población en que se erigieron a Dios los primeros altares y en que su iglesia matriz se dedicó y puso bajo el patrocinio de la santa imagen de Nuestra Señora de Loreto, he mandado en decreto de hoy que de las misiones de este departamento del norte se traigan familias de naturales hasta completar el número de ciento sobre las pocas que existen en las rancherías de este real y a consecuencia de esta disposición y con la mira de que se lleve a debido efecto lo más breve que sea posible, sin embarazar al jefe de la península en el por menor y economía diaria que pide este establecimiento, lo cometo y encargo al reverendo padre fray Francisco Palou Presidente de las misiones y actual ministro de esta santa iglesia de Loreto, a fin de que con las órdenes que se necesiten del gobierno y tomando el acuerdo del jefe militar y político en quien resida la real autoridad y jurisdicción traiga y congregue con su auxilio las expresadas familias sucesivamente y en la forma que prevengo en mi citado decreto de este día y en la instrucción que también he formado particular con la idea de que se facilite el restablecimiento de esta capital. A cuyo intento declaro también que la administración de temporalidades reguladas como pertenecientes a la misión antigua la encargo al mismo reverendo padre bajo las reglas con que he puesto al cuidado y dirección de los demás que tienen a su cargo las otras misiones de la provincia, pero no comprendiéndose en ésta más que el rancho nombrado de San Juan, que es de ganado mayor y éste se halla alzado, mando que se comprenda la huerta situada en esta inmediación y que perteneció al antiguo oficio de los regulares expulsos y asímismo mando que del Real Almacén se dé por el término de un año ración de maíz a razón de almud y medio por cada familia semanariamente y contando desde el día que se extraigan de las respectivas misiones de donde se saquen para traerlas a ésta: bien entendido que será del cargo de la nueva comunidad de indios y cuidará el reverendísimo padre presidente de su cumplimiento, el dar al jefe del gobierno y comisario real de la verdura y fruta que produjere la huerta para su diario consumo, el proveer de carne fresca o salada según los tiempos a todo el vecindario a los precios establecidos en mi reglamento, tomando de las otras misiones las reses que necesiten para ello y el hacer todas las faenas que ocurran del real servicio de cualquier clase que sean y siempre que las mandare o dispusiere el jefe del gobierno a quien están sujetos y deben obedecer todos los vasallos del Rey en el distrito de su mando. Dado en el Real de Loreto a veinte y nueve de abril de mil setecientos sesenta y nueve Don José de Gálvez.

No. 3. Con el fin de que los naturales de este península se habiliten en la pesca, en el buceo de perlas y en la marinería a que parece los destinó la providencia poniéndolos en una provincia sumamente estrecha y circundada de dos mares con necesidad de recurrir a otras para conseguir muchos efectos precisos a su conservación y mantenimeinto, he resuelto que de todas las misiones antiguas se traigan a esta capital en que reside el Departamento de la Marina hasta cuarenta muchachos huérfanos de los muchos que hay en ellas de esta clase y que viviendo en comunidad con absoluta separación de la de los indios estén a la dirección, enseñanza y cuidado del reverendísimo padre presidente de las mismas misiones fray Francisco Palou que es actual ministro de ésta a fin de que por orden del jefe de gobierno se vayan poniendo y destinando sucesivamente en las embarcaciones del REY que al presente hay y que se aumentaren en adelante. Y para facilitar que desde luego se congreguen de ocho a doce años de edad cada uno, mando que de las ropas que han de venir próximamente para vestir los naturales desnudos se separen las precisas a dos esquifazones que se han de dar a cada muchacho y que se entreguen por una vez a dicho reverendo padre presidente cien fanegas de maíz de los Reales Almacenes para ayuda a mantenerlos entre tanto que por la nueva comunidad de indios se hacen las siembras de granos y se logran las cosechas de ellos. Dado en el Real de Loreto a treinta de abril de mil setecientos sesenta y nueve. Don José de Gálvez.

No. 4. Sin embargo de que me es imposible por las urgentes causas que me llevan a la provincia de Sonora, detenerme en ésta más tiempo hasta concluir la translación de los indios que sobran en unas misiones y hacen falta en otras de menor población y mayores facultades, dejo cometida la ejecución de este punto esencialísimo al gobernador de la península para que de todos los auxilios y providencias que le pidiere el reverendísimo padre fray Francisco Palou, presidente de las misiones y actual ministro de ésta de Loreto, quien de acuerdo con los demás reverendísimos padres de las otras irá verificando la providencia sucesivamente y con oportunidad según le tengo encargado y le reitero por este decreto concediendo a Su Reverendísima toda la facultad necesaria por ello. Real de Loreto 30 de abril de mil setecientos sesenta y nueve. Don José de Gálvez.

No. 5. Instrucción particular que precisamente se ha de observar en el restablecimiento, formación y ornato público de este pueblo y primitiva misión de Loreto.

1o. Supuesto que en dos decretos de este día he resuelto que se traigan hasta completar cien familias de indios de las otras misiones de esta provincia y que su ejecución la cometo al gobernador como jefe militar y político de ella y al reverendísimo padre presidente como ministro de esta iglesia matriz, a quien encargo y encomiendo la administración económica de la nueva comunidad de indios y sus temporalidades, prevengo a ambos comisionados que en este importante asunto se arreglen respectivamente y de acuerdo al tenor de mis citados decretos y a los artículos siguientes.

2o. La población de indios la han de congregar trayendo primero 25 familias de ellos para hacer las habitaciones precisas al número de cuarenta o cincuenta de ellas en la forma que tengo prevenida en mi Instrucción de Población de que cada casa de indio, cabeza de familia tenga doce varas de fachada y veinte y cinco de fondo con la separación de piezas interiores para que ellos y sus hijos duerman en distintos cuartos y les quede un corralito en qué poner sus bestias y las gallinas que deben tener.

3o. El ancho de las calles que se han de tirar a cordel sin permitir el gobierno la menor deformidad que quita el ornato y ofende la policía debe ser de 16 varas completas para que delante de cada casa haya una vara de distancia de la pared de fachada y cuatro a cada lado de la puerta se pongan dos árboles frutales o silvestres de sombra saludable para que defendiendo a los dueños de las mismas casas, que han de cuidar de regarlos contra los ardores de el sol sirvan de hermosear el Pueblo.

4o. Se ha de poner el de indios de esta capital desde el paraje donde ahora está la ranchería y dando la vuelta por la orilla del arroyo a la parte del oeste hacia la del sur en todo el terreno que hay desde las trojes, herrería y capintería, tirando por una y otra parte la línea recta y dejando en medio una plazuela de cincuenta a sesenta varas en cuadro o más si lo permitiere el ámbito del sitio señalado.

5o. La población principal de españoles, soldados del presidio que estuvieren aquí de escolta, oficiales mecánicos, dependientes de arsenal y marineros se ha de construir y poner con el mismo ancho de calles en el sitio que hay desde la iglesia y las referidas oficinas de trojes, herrería y carpintería hasta la playa y cerca de la orilla del mar, dejando siempre aunque no se enfurecen las olas de esta rada una distancia conveniente para que en cualquiera temporal no llegue el mar a los edificios y dejando también la plaza que está señalada en el centro de cien varas en cuadro.

6o. Una de las fachadas de la plaza que debe ser la

que mira al occidente y todo el terreno comprendido en el cuadro que formara dicha plaza con el arsenal que está en la playa y la calle principal que desde él ha de seguirse debe demarcarse desde luego y reservarse para las casas reales en donde viva el gobernador e intendente de la península el tiempo que residiere aquí y en que se deben constituir con separación las habitaciones para los dependientes y empleados y para custodia de los caudales y efectos del REY dejando asimismo por la espalda hacia la parte del sur otro cuadro de cien varas en que se ponga una huerta o jardín para que sirva de desahogo, ornato y comodidad a dichas casas reales.

7o. Las calles a excepción de la principal cuyo ancho será el que hay del arsenal a la guardia deben ser del propio ámbito y ornato que las de la población de indios a excepción sólo de que las casas tendrán 25 varas de fachada y cincuenta de fondo con cuatro árboles delante de cada una y podrán ponérseles cuartos principales o primeros altos con tejados o azoteas.

8o. El barrio de oficiales de arsenal y marineros se ha de poner a la parte del sur y a espaldas de las accesorias de las casas reales en la propia conformidad que el pueblo de indios y los solares serán iguales a los de éstos, pero ni a unos ni a otros se les ha de permitir fabricar cuartos principales para que sus casas no quiten la ventilación a las del centro de la población y a todos se les ha de precisar a blanquear las fachadas de ellas y a ponerlas con total uniformidad en puertas, ventanas y demás ornatos exteriores y que cuiden por su conveniencia y aseo de blanquearlas también en lo interior y de embaldosarlas con ladrillo o piedra precisamente.

9o. Las primeras casas que se deben construir son las del pueblo de indios hasta completar el número de las cien familias, fabricándose todas de comunidad a dirección del Reverendísimo padre misionero, a quien se le facilitarán por el gobierno la madera, herramientas útiles y demás providencias que necesitare y concluida esta parte de la población, se emprenderá la del centro, empezando por las casas reales y las oficinas más precisas de ellas en que han de trabajar los indios congregados por turno, o tanda de 25 o cincuenta según dispusiese el gobierno, con la advertencia de que se les darán raciones, sin pagarles salarios ni jornales para no recargar indebidamente la Real Hacienda después de los muchos gastos que con ellos ha de hacer.

10o. Todas las casas antiguas que son de cortísimo valor y se construyeron en total desorden y al arbitrio de cada uno se han de derribar, si estorbaren para la formación de calles y de nuevas habitaciones uniformes indemnizando a los dueños y aún mejorándolos con darles otras de las nuevas, pues no sólo a los que se establezcan en calidad de pobladores en lo venidero, sino es también a los pocos vecinos que hay antiguos a los oficiales mecánicos y marineros se les han de dar hechas las casas imponiéndoles una pequeña contribución que con nombre de reconocimiento sirva únicamente de conservar el dominio directo en favor de la Corona.

11o. Haciendo tasar la casa perteneciente al capitán don Fernando de Rivera situada en seguida del arsenal se le satisfará su importe para incorporarla en las casas reales, cuya fábrica debe empezar desde aquel sitio y lo mismo se ha de ejecutar con las otras casillas inmediatas que sea preciso abatir.

12o. A los indios cabeza de familia que hay en la ranchería y a los demás que se trajeren de las otras misiones se ha de señalar una suerte de tierra en este llano y en las cercanías de la población de doscientas varas de largo y ciento de ancho cada suerte, haciendo en todas ellas un pozo para el riego que se abrirá y costeará por la comunidad de los mismos naturales que han de componer esta misión, demarcándose al mismo tiempo por el gobierno para dotación de la misma comunidad de ella diez y seis o veinte suertes de tierra donde las pidiere en el propio llano el R.P. presidente y ministro a quien dejo encargada la administración de sus temporalidades.

13o. A los pobladores españoles y demás, aunque sean soldados de la escolta que quieran y puedan labrar tierras para siembras de granos y no para viñas, ni olivares se les señalarán también por el gobierno dos o más suertes de la misma cabida cada una de doscientas varas de largo y ciento de ancho, según el mérito, aplicación, posibilidad y circunstancias que concurrieren en cada uno, pero estos repartimientos se han de hacer en terreno separado enteramente del que se diese a los indios en común y particular.

14o. Y para que todos tengan y gocen por juro de heredad las casas y tierras que mando darles y repartirles, se ha de formar desde luego un Libro de población que lo sea particular para la de esta capital y en él se sentarán con individualidad y separación las partidas respectivas a cada poblador sea indio natural, español o forastero que contrayeren aquí su domicilio, poniendo los repartimientos en dicho libro con la misma distinción de clases que se ha de formar el pueblo y a cada uno se le dará su hijuela autorizada por el jefe del Gobierno en que se explique su pertenencia en casa y tierras con referencia a la partida de dicho libro, a fin de que si perdieren algunos las referidas hijuelas puedan ellos o sus sucesores pedir otras que se les han de dar con inserción de las partidas del citado libro que debe custodiarse siempre en el archivo de gobierno y sentarse también en el señalamiento de ejidos y dehesas comunes, que han de destinarse para el pasto y aprovechamiento público, arreglándose en este particular y los demás que no van repetidos en esta instrucción a las reglas que tengo dadas en mis anteriores y a las que ampliaré en la que ahora he de formar para las misiones de este departamento del norte. Dada en el Real de Loreto a 29 de abril de 1769. Don José de Gálvez.

No. 6. En el rancho de ganado nombrado San Juan que pertenece a esta misión hay un número de mulas y caballos propios del Real Almacén para el avío del presidio que existía aquí en el tiempo de los regulares expulsos. Y supuesto haber encargado la administración de las temporalidades al Rmo. P.fr. Francisco Palou presidente de las misiones y actual ministro de ésta declarando el expresado rancho por perteneciente a la comunidad de indios que debe aumentarse hasta el número de cien familias, he resuelto también, que en el propio rancho se regulen, mantengan y cuiden por los sirvientes de la misión 24 mulas y diez y ocho caballos a disposición del gobierno para las ocurrencias del real servicio y de los burros que hay en la propia estancia se traerán doce a esta población y seis pares de bueyes luego que los haya, para que unos y otros sirvan al acarreo de materiales, conducción de efectos que se desembarcan y demás objetos precisos, según las nuevas disposiciones que dejo dadas en beneficio y aumento de esta capital, a cuyo fin mando también que se construyan tres carretas por los carpinteros de este departamento con arreglo al modelo que debe pedirse a don Joaquín Velázquez de León mi subdelegado en el del sur. Dado en el Real de Loreto a 30 de abril de 1779. Don José de Gálvez.

No. 7. Illmo. Sor. Muy señor mío: hablando con el Pe. presidente se ha ofrecido la conversación de emplear el gobierno a los indios de este pueblo así para las canoas, como para hacer carbón u otros oficios indispensables y me ha dicho *que siempre que le pidan algún indio para cualquier faena, se le ha de dar a más de la ración diaria lo que fuera justo en dinero según los días que trabajaren y lo mismo cualquiera indio de otra misión.* V. S. Illma. me dirá lo que debo hacer en este asunto por que en el día tengo catorce indios en la fragua con las anclas y quisiera antes que se acaben, saber lo que V.S. Illma. determina para arreglarme a sus órdenes ahora y en lo venidero. Nuestro Señor guarde a V.S. Illma. los muchos años que deseo. Loreto 6 de mayo de 1769. Illmo. Sor. B.L.M. de V. S. Illma. su más atento y obligado servidor. Juan Gutiérrez. Illmo. Sor. Dn. José de Gálvez. Cuirimpo 14 de mayo de 1769. En consecuencia de lo que tengo mandado en mi reglamento determino sobre lo expuesto en esta consulta que a los indios naturales ocupados en las faenas regulares y ordinarias, como lo son las que se citan de andar en las canoas del REY y trabajar en la fragua se les ha de satisfacer su jornal a razón de seis pesos al mes y en las extraordinarias faenas que puedan ofrecerse del mismo real servicio, como también en las obras de la población nueva que he mandado hacer en Loreto y Casas Reales para el gobierno e intendencia de Real Hacienda han de ocuparse y trabajar no sólo los naturales que estuvieren congregados en Loreto sino también los demás que resolviere el jefe de la península, según el repartimiento hiciere a las misiones de ella de indios trabajadores, dando sus órdenes directamente donde y como le pareciere, pues su autoridad real y superior no depende sino de S.M. y los que en estos dominios lo representen, sin necesidad de contemporizar con los Rdos. Pes. administradores de las misiones, a quienes por medio del Rmo. P. presidente se les pasará copia de esta superior resolución mía para su inteligencia y observancia; pero al mismo tiempo advierto que a los dichos indios de repartimiento se les dé la ración que tengo asignada a todo sirviente y jornalero en mi reglamento. Gálvez.

No. 8. Illmo. Sor. Muy señor mío. Para hacer los abonos a las misiones, tengo la duda a que precio se les han de abonar los higos y pasas respecto a que el vino y aguardiente se les paga un real menos de lo que se venden en el almacén; espero que V.S. Illma. me diga lo que debo hacer para el mejor acierto que es lo que deseo. Nuestro Señor guarde a V. S. Illma. los muchos años que le pido. Loreto 6 de mayo de 1769. Illmo. Sor. B. L. M. de V. S. Illma. su más atento y obediente servidor. Juan Gutiérrez. Illmo. Sor. Don José de Gálvez. Quirimpo y mayo 14 de 1769. Respondo y determino que se abonen a las misiones las pasas e higos que se hubieren tomado para el real almacén y que en adelante se necesiten para su surtimiento con igual respectiva rebaja a la del vino y aguardiente según los precios fijados en mi reglamento para que en el expendio por menor que se hace en el almacén, no se perjudiquen los reales intereses. Archívese esta resolución en el gobierno y comisaría real de Loreto, dése noticia de ella al R.P. presidente de las misiones cuya administración de temporalidades he encargado a los Pes. ministros y obsérvese inviolablemente mientras no hubiera otra resolución superior, que altere ésta. Gálvez.

No. 9. Incluyo a Vm. la memoria que me ha dirigido el R.P. ministro de Todos Santos, por la que verá las partidas que están debiendo a la misión que administra y a las de la Pasión y San Luis de donde se han trasladado sus naturales, algunos soldados de la compañía de este presidio, de los efectos y provisiones que cada una les han subministrado a su tránsito o mansión en ellas, para que respectivamente les cargue en sus cuentas, lo que hubiesen percibido y resulte por dicha memoria y que después pueda Vm. hacer el correspondiente abono a la misión de Todos Santos que ya comprende las de la Pasión y San Luis por la traslación de estos naturales de ella. Y si a alguno de los soldados que he reformado hallarse Vm. comprendido en la expresada nómina y le hubiese ya ajustado y saldado su cuenta, les avisará Vm. de las cantidades que debieren para que las satisfagan luego.

Con este motivo prevengo a Vm. les intime de mi orden a todos ellos que para principios de este año comunicaré la más estrecha y precisa a las misiones de ese departamento y este del sur para que los Rdos. Pes. ministros de ellas no suministren en lo venidero a ningún soldado de presidio, ni provean de cuanto puedan pedir en ellas de bastimentos y otros efectos sin que primero no los satisfagan en dinero efectivo y a precios justos, respecto a que desde entonces han de percibir el prest en reales y que quiero cortar los abusos y embarazos (tan perjudiciales a las misiones a la exacta disciplina del soldado y al buen orden) que estableció en esta península el anterior gobierno, cuyo punto y otros de igual consecuencia arreglaré cuando yo suba a ese presidio. Dios Guarde a Vm. muchos años. Puerto de la Paz y noviembre 18 de 1768. José de Gálvez. Sr. Dn. Francisco Trillo. Loreto.

No. 10. Los dos adjuntos reglamentos que para el mejor gobierno del departamento de San Blas en los puntos de que tratan, me he visto precisado a formar deberá Vm. observar igualmente en ese presidio siempre que de las costas de su distrito se despachare alguna embarcación, archivándolos para su cumplimiento en lo venidero en la comisaría real de su cargo. Dios guarde a Vm. los muchos años que deseo. Puerto de la Paz y marzo 28 de 1769. José de Gálvez. Sor. Dn. Francisco Trillo y Vermúdez.

No. 11. Arancel y reglamento provisional de los fletes de mar que se deben satisfacer por las personas y efectos que se transportaren en las embarcaciones de S.M. desde el puerto de San Blas a los de esta península y los de Sinaloa y Sonora y también desde éstos a aquel departamento.

1o. Entre tanto que el tiempo y la experiencia acreditan las más seguras reglas para beneficiar al comercio y al público en cuanto sea posible con el establecimiento de la navegación continuada que ya hacen en estos mares los paquebotes de S.M. prevengo y mando en su real nombre, que por el transporte de cualquiera persona decente y de facultades que se embarcare en San Blas para Californias con cama y baúl se le cobren cien pesos por razón de flete y mesa y sólo 25 pesos si fuere sujeto de tomar ración ordinaria del caldero de la tripulación y que no embarcare más equipaje que una caja o maleta con su ropa.

2o. Por cada arroba de efectos y mercaderías comerciables de cualquier clase que sean se han de pagar dos reales de flete desde San Blas a los puertos habilitados de esta península, por cada fanega de grano un peso y por un quintal de fierro u otro metal cuatro reales. Pero desde Californias a San Blas la mitad de las cantidades expresadas por ser regularmente más breves los viajes.

3o. Los mismos fletes que van señalados se deberán satisfacer por las personas y efectos que se transportaren a los puertos de Sonora hasta el de Guaymas, así a la ida como a la vuelta y la mitad menos para los de Sinaloa incluyendo en esta regla los de Mazatlán y Tamazula. Dado en el Cabo de San Lucas a dos de marzo de 1769. Don José de Gálvez. Es copia del que con igual fecha se remitió al departamento de San Blas para su observancia y para los puntos en que pueda ofrecerse se dirige ahora el gobierno y comisaría Real de Loreto. Don José de Gálvez.

No. 12. Don José de Gálvez del Consejo y cámara de S. M. en el real y supremo de las Indias, Intendente de ejército, Visitador general de todos los tribunales de Justicia, cajas y demás ramos de Real Hacienda de estos reinos y comisionado con las amplísimas facultades del Excmo. Sor. Marqués de Croix Virrey gobernador y capitán general de Nueva España, etc.

Hago saber al gobernador y comisarios reales de esta península de Californias, al comandante del puerto de San Blas, a los capitanes, pilotos, maestres y patrones de los bajeles de S.M. que navegan en estos mares y a cualesquiera otros empleados y personas a quienes corresponda al cumplimiento de lo prevenido y mandado en este despacho: que para evitar los desórdenes y desbaratos experimentados y examinados por mí en los ranchos de las embarcaciones de esta carrera y después de haber dado las más estrechas y positivas órdenes en conformidad de la Real Ordenanza de Marina, he resuelto formar un reglamento para que precisamente se observe y ejecute en el aviamiento y provisión de los bajeles de S.M. o que se racionaren de cuenta de su Real Hacienda, cuyo tenor es el siguiente:

Reglamento de los ranchos que se han de poner en los paquebotes y demás embarcaciones de S.M. que navegan en esta carrera del mar del sur o en las de particulares que en algún caso se tripularen y abastecieren de cuenta de la Real Hacienda, así en el departamento de San Blas como en estos de Californias y demás provincias donde arribaren los bajeles con necesidad de tomar víveres.

1o. Toda embarcación que saliere de San Blas para esta península y los puertos de su golfo interior así de esta costa como de las de Sinaloa y Sonora o de alguno de ellos para aquel, ha de racionarse por cuatro meses solamente que se regula tiempo sobrado para el viaje redondo y las que se destinaren para la costa occidental de esta provincia hasta Monterrey llevarán rancho para el doble tiempo de ocho meses.

2o. Los precisos renglones en que han de consistir los ranchos para las tripulaciones y tropa de guarnición o transporte cuando se embarcare son los siguientes: pan de galleta, maíz en grano y en pinole, carne en salmuera, pescado salado o seco, arroz, frijol, manteca de vacas, queso, vinagre, sal, chile, agua y leña.

3o. Con arreglo al número de plazas ordinarias de que se compongan las tripulaciones de los bajeles se han de poner en cada uno de ellos las raciones con peso y medida para que se distribuyan diariamente y de los renglones o especies que van señaladas en el artículo anterior se completaran los ranchos de cuatro o de ocho meses en esta conformidad precisamente.

4o. Para los viajes de cuatro meses se han de poner raciones de galleta para dos al respecto de 16 arrobas cada ración diaria y otros dos meses de maíz y pinole hecho de este mismo grano a razón de medio cuartillo por cada plaza, incluyendo en esta clase desde el contramaestre hasta los pajes de escoba y dando a cada uno diariamente dos arrobas de pinole para que se desayunen en todo el tiempo de los viajes más otras dos arrobas de arroz o frijol para que cenen.

5o. En los ranchos de ocho meses se observará la misma regla con la diferencia solamente de poner raciones de pan para sólo tres y los cinco restantes de maíz y pinole. De carne a razón de ocho arrobas cada ración para tres meses y uno de pescado al respecto de cinco arrobas en las navegaciones de cuatro y al doble en el número de raciones de uno y otro género en las de ocho meses.

6o. Para los días de pescado se ha de poner y abonar una arroba de manteca de vacas por cada plaza y un cuartillo de vinagre para cada rancho de diez plazas repartiendo con arreglo a este número el de la tripulación de cada bajel y poniendo algún vinagre sobrante para rociar las chazas una, o dos veces al mes.

7o. Al fin de que en los días del mal tiempo en que no puede, ni debe encenderse el fogón tengan las tripulaciones la ración correspondiente a las de carne o pescado que les van señaladas, se pondrá en cada embarcación por renglón de rancho sobrante la partida de queso que se regulare precisa para diez días en los viajes de cuatro meses y para veinte días en los de ocho meses al respecto de seis arrobas por cada ración quedándoles ya abonadas las dos arrobas de menestras que se les darán en otro día de buen tiempo en que puedan guisarse o se les dará su importe en los ajustes, sino las recibieren en especie.

8o. De agua se ha de dar un azumbre diariamente a cada plaza quitando medio cuartillo para el caldero. De leña libra y media por cada individuo entregándola al cocinero del equipaje. De chile una pequeña porción diaria para guisar la comida y de sal un almud por cada mil raciones.

9o. Todas las que van señaladas se han de distribuir cada día con peso y medida a la boca de escotilla y en presencia del que mandare la embarcación, según previene la Real Ordenanza, anticipando de un día el repartimiento de las raciones de carne salada, pescado y cualquiera otro género que necesite ponerse en remojo. Y para evitar todo desorden y confusión en un asunto tan importante como es el de los víveres, de que depende la subsistencia de las tripulaciones, se entregará todo bajo de formal cuenta y de reglamento a los que mandaren los bajeles de esta navegación, como también lo correspondiente a cargazones, repuestos y respetos de los buques sin extenderse las oficinas a los comisarios para el despacho de las embarcaciones con los despenseros, ni oficiales de mar porque comúnmente no saben escribir ni llevar cuenta siendo preciso por consiguiente que lo haga el capitán o patrón y que responda de todo por los estados y recibos que debe firmar, cuidando de que sus subalternos a bordo no pierdan ni desperdicien lo que es de su cargo.

10o. Para que los pilotos, capitanes que tengan patentes de tales hagan su provisión particular se les abonarán además de la ración ordinaria cincuenta pesos en los viajes de cuatro meses y ciento en los de doble tiempo. Pero aunque esta gratificación se podrá entregar a dichos capitanes antes de salir a navegar, no se les anticipará, ni a las tripulaciones más mesadas que una en los primeros viajes y dos en los segundos, bajo la pena de pagar el duplo al que hiciere mayores préstamos por la primera vez y de perder el empleo por la reincidencia.

11o. Y en el caso de que se embarquen de transporte en los bajeles de esta carrera oficiales militares pasajeros u otras personas de distinción se les pondrá el rancho correspondiente a sus clases o facultades y a proporción de lo que se regulare pueden estar a bordo destinándolo para la mesa de la cámara y sin olvidarse de la moderación debida, de suerte que no les falte la precisa decencia que permiten los viajes de mar.

Y en su consecuencia mando a dichos gobernador y comisarios de esta península, al comandante del referido puerto de San Blas, a los capitanes, pilotos, maestres o patrones de las embarcaciones del Rey que actualmente hay y que en adelante hubiere en estos mares y a todos los demás jueces o particulares a quienes pueda tocar la ejecución de lo aquí dispuesto, que vean, cumplan y observen exactamente el reglamento inserto en todos los despachos y provisión de ranchos para cualesquiera viajes que hayan de hacer los bajeles; bien entendidos que la menor contravención a lo que va prevenido con arreglo a la Real Ordenanza será severamente castigada por el Superior Gobierno de estos Reinos y que este despacho lo deben tener muy presente y archivarlo en sus correspondientes oficinas para que siempre conste y se cumpla lo mandado en él. Dado en el Cabo de San Lucas a dos de marzo de mil setecientos sesenta y nueve.–Don José de Gálvez.– Por mandato de S. Sria. Illma. Juan Manuel de Viniegra.

No. 13 Real de Loreto 27 de abril de 1769. Con atención a los justos motivos que me han informado los Rdos. Pes. misioneros de propaganda fide a quienes están encargadas todas las reducciones de los indios de esta península y por lo muy conveniente que es el proveer enteramente a la general tranquilidad y defensa de ella, he resuelto: que los sirvientes españoles destinados en las misiones hayan o no sido soldados de la compañía viva del presidio se regulen por individuos supernumerarios de ella y que como tales gocen del fuero y privilegios militares para vestir la cuera y cargar armas como si estuvieran en actual servicio y sin otra diferencia que la de mantenerse a sueldo de las misiones y a disposición de los Rdos. ministros de ellas, por haberles cometido yo la dirección de sus temporalidades a consecuencia de la administración espiritual en que les puso con mi acuerdo el Exmo. Sor. Virrey de Nueva España. Y sólo en el caso de urgencia pública, conmoción interior o guerra con alguna potencia extranjera se podrán emplear por el jefe de esta provincia los dichos soldados supernumerarios, pagándoles entonces su prest como a los provinciales que dejo establecidos en el departamento del sur, si por las misiones no se les pudieren continuar los salarios, entonces como lo harán todas las que no careciesen de facultades para ello. Archívese este decreto y pásese otro igual para que teniéndolo cada misión, se le dé en todo tiempo el debido cumplimiento.–Don José de Gálvez.

No. 14. Don José de Gálvez del Consejo y cámara de S.M. en el real y supremo de las Indias, Intendente de ejército, visitador general de todos los tribunales de justicia, cajas y demás ramos de Real Hacienda de estos reinos y comisionado con las amplísimas facultades del Exmo. Sor. marqués de Croix Virrey gobernador y capitán general de los mismos reinos, etc.

Con el importante y justo fin de restablecer la pesquería de perlas y los placeres y criaderos abundantísimo de ellas que hay en toda la costa y las islas de este golfo interior de Californias, pues este ramo producía en lo antiguo considerables utilidades al real erario y llegó a estar arrendado en trece mil pesos anuales que perdió enteramente la Corona por la ingratitud de los regulares expulsos en el mismo año en que la religiosa y soberana piedad del Sor. Felipe Quinto les concedió generosamente igual cantidad de 13 mil pesos por situado anual para mantener el presidio de Loreto: he tomado varias providencias de hacer matricular las canoas del buceo que existen en las costas del reino de la Nueva Galicia y de las provincias de Sinaloa y Sonora y he puesto en práctica otros medios que me han parecido oportunos para arreglar la pesquería en una instrucción formada con esta propia fecha. Pero como a fin de que no queden ilusorias las providencias que he dado y las reglas que he definido en consecuencia de las leyes reales de la materia, acomodadas según corresponde al ministerio que S.M. me ha confiado a la diversidad de los tiempos de las circunstancias y de los parajes que sólo se conocen y califican cuando se examinan de cerca y con la material presencia de ellos es lo más importante y preciso destinar sujeto inteligente que por su práctica, honor y celo visite los placeres, reconozca el estado de ellos y cuide de que no se destruyan como ha sucedido hasta ahora, cuando la pesquería de perlas se hacía furtivamente al codicioso arbitrio de los buzos y con los miedos de la injusta prohibición que despóticamente y de propia autoridad impusieron los misioneros jesuitas expatriados, elijo y nombro veedor de los placeres y pesquería de perlas y juez cobrador del real quinto de este ramo por lo respectivo a esta península y sus Islas del golfo interior al capitán de milicias provinciales de caballería don Manuel García Morales con inmediata subordinación al principal jefe de esta provincia, en cuya caja hará entrega de las perlas que recogiese de las canoas del buceo o de las cantidades en que ajustase el quinto de ellas concediéndole facultad de que pueda hacerlo para que anualmente se forme la cuenta de este ramo y remita a la caja matriz de Guadalajara. Y a efecto de que tenga todo el puntual y debido cumplimiento con arreglo a la citada instrucción que he dado con este despacho, concedo y subdelego al expresado don Manuel García Morales toda la jurisdicción privativa y necesaria al restablecimiento importante y al mejor arreglo de dichos placeres, su pesquería y buceo de perlas y mando al gobernador comandante en jefe de esta península sus tenientes comisarios reales, oficiales y demás habitantes de ella así naturales como nuevamente avecindados y transeúntes que reconozcan a dicho don Manuel García Morales por juez veedor y cobrador privativo del buceo y real quinto de perlas con facultad de conceder las licencias para la pesquería de ellas, nombrar celadores o interventores subalternos, ajustar por un tanto con los armadores y buzos el real derecho del quinto y dar las demás disposiciones correspondientes al restablecimiento de la expresada pesquería y de los placeres en que se hace auxiliándole para todo con las providencias que necesite sin ponerle embarazo alguno por convenir así al servicio de S.M. y a los intereses de su Corona Real. Póngase razón y copia de este nombramiento en los archivos de las casas reales de Santa Anna y del presidio de Loreto. Dado en el puerto de la Paz, a cinco de abril de mil setecientos sesenta y nueve. Don José de Gálvez. Por mandato de su Sria. Illma. Juan Mnauel de Viniegra. Es copia a la letra de la original que se entregó al interesado y de la minuta que queda en esta secretaría del Illmo. señor intendente y Visitador General.– Dn. José de Gálvez.– Juan Manuel de Viniegra.

No. 15 Don José de Gálvez del Consejo y cámara de S.M. en el real y supremo de las Indias, Intendente de Ejército, Visitador general de todos los tribunales de justicia, cajas y demás ramos de Real Hacienda de estos reinos y comisionado con las amplísimas facultades del Exmo. Sor. Marqués de Croix, Virrey y gobernador y capitán general de los mismos reinos, etc.

En consecuencia de haber nombrado al capitán de milicias provinciales de caballería don Manuel García Morales en mi despacho del día 5 del presente por juez veedor de los placeres y pesquerías de perlas y cobrador del real quinto de ellas, a fin de restablecer el buceo y este importante ramo de la Real Hacienda que estaba enteramente perdido en esta península y sus islas adyacentes, he tenido por consiguiente y útil elegirle también como por el presente título lo elijo y nombro juez veedor y administrador de las salinas que hay así en la costa occidental de esta misma provincia como en la isla de San José cercana a este puerto y especialmente en la del Carmen situada frente del real Presidio de Loreto, para que con las dos canoas propias de S.M. que dejo tripuladas y en corriente a su disposición haga conducir al real almacén que queda fabricado en este puerto y otro en la ensenada de Loreto toda la sal que puedan transportar en giro continuo dichas dos canoas y las demás embarcaciones pequeñas que estuvieren desocupadas de las abundantísimas salinas de la referida isla del Carmen, a fin de que haya sobrante provisión de este preciso género, así para el abasto de las misiones de la pesca establecida de mi orden, de la minería y del público como para que los paquebotes y demás embarcaciones del REY que han de venir con frecuencia del puerto de San Blas a éste y el escondido vuelvan cargadas de dichas sales del Carmen que por su exquisita blancura y actividad se harán apreciables en todas las grandes poblaciones del continente de Nueva España. Y a efecto de que este ramo de la Real Hacienda tenga todo su justo y debido incremento con tanto beneficio del común, como que antes de establecer yo el estanco valía la fanega de sal a cinco pesos y ahora se provee de cuenta de S.M. a dos y medio para las misiones y la pesca y a tres para el público de este departamento y un peso menos en el de Loreto, cuidará dicho juez administrador de que se guarden y celen las otras salinas de la contracosta y de la isla de San José que son de inferior calidad y producen sales que vulgarmente llaman de espumilla y las visitará siempre que pudiere y lo tuviere por conveniente en estos meses de la seca que es cuando suele cuajar alguna sal, cuidando sobre todo que estén bien abastecidos este almacén y el de Loreto para el abasto de la península y que las embarcaciones retornen toda la cantidad que pudieren cargar. Y para cumplimiento de todo lo expresado mando al gobernador comandante en jefe de esta península, su lugarteniente, comisarios reales y todos los demás vasallos de S.M. que tengan y reconozcan a dicho don Manuel García Morales por juez veedor y administrador de dichas salinas y de este ramo de la Real Hacienda hasta entregar las sales en los almacenes y remitir a San Blas las que hubieren de llevar las embarcaciones a aquel puerto, quedando a cargo de los comisarios reales y respectivos de los departamentos el expendio y cuentas de las porciones que en ellos se despacharen y vendieren a los precios establecidos por mis instrucciones para cada parte y con arreglo a lo demás prevenido en ellas para el abono a este juez administrador de los gastos precisos en la saca y conducción de las sales a los dos reales almacenes de Loreto y de este puerto a cuyo fin y para inteligencia de todos mando también que se tome copia y razón de este despacho en las comisarías de ambos departamentos y que se remita con mi orden al de San Blas. Dado en el puerto de la Paz a nueve de abril de mil setecientos sesenta y nueve.– Don José de Gálvez.– Por mandato de su Sria. Illma.–Juan Manuel de Viniegra.

No. 16 Don José de Gálvez del Consejo de cámara de S.M. en el real y supremo de las Indias. Intendente de ejército, Visitador general de todos los tribunales de justicia, cajas y demás ramos de Real Hacienda de estos reinos y comisionado con las amplísimas facultades del Exmo. Sor. marqués de Croix, Virrey gobernador y capitán general de los mismos reinos, etc.

Reglamento de salarios y jornales que hasta nueva providencia del Superior Gobierno de estos dominios se ha de observar en este departamento del norte de California.

Con la justa mira de que no falten operarios en la labor de las minas y los trabajadores que se necesiten para el cultivo de las tierras y granjerías de ganado de todas especies, veo por experiencia ser preciso arreglar el precio de los jornales y la cota de raciones que deben darse a los faeneros y sirvientes para que no se les haga fraude ni sufran la miseria y desnudez que anteriormente padecían, por cuyos motivos y en observancia de las Leyes Reales que en beneficio de los naturales y de la causa pública previenen estas providencias, mando que a los trabajadores, jornaleros y sirvientes de las clases que irán expresadas se les satisfagan por semanas o meses y se les proveerán de los reales y mantenimientos siguientes:

A los barreteros de minas y demás faeneros de igual trabajo se les pagarán ocho pesos al mes en dinero y en cada semana se les ha de dar un almud de maíz, mijo, trigo u otra semilla equivalente, o tres cuartillos de harina común a falta de estos granos y media arroba de tasajo o una de carne fresca.

Lo mismo han de ganar en dinero y se les ha de dar igual cota de mantenimientos a los vaqueros gañanes, arrieros principales y otros de equivalente trabajo en las demás faenas ocupaciones u oficios.

Los pastores subalternos o zagales y los que sean de 18 años que se ocupen como ayudantes de arriería o de otro cualquiera trabajo tendrán las mismas raciones semanarias y se les pagarán en reales cuatro pesos cada mes de salario.

A los indios naturales que se han de destinar a los trabajos más suaves y entre tanto que se aplican con menos pereza que tienen en la actualidad se les darán las mismas raciones semanarias y seis pesos en dinero cada mes y si fueren menores de 18 años se les pagarán sólo tres.

Los caporales o capitanes de los trabajos de minería, mayordomos de haciendas, ranchos de ganado u otras cualesquiera ocupaciones que sean iguales a ésta han de gastar las mismas raciones semanarias y el sueldo en que ajustaren según la habilidad y circunstancias de cada uno, con la prevención de que no podrá bajar de diez pesos al mes y que se les ha de pagar en reales como a todos respecto de haber suficiente cantidad de moneda para ello y que por S.M. se paga en dinero a cuantos emplea el Gobierno y así lo tengo mandado.

Ningún vago se ha de permitir en este departamento, ni en lo restante de la península y todos han de tener precisamente alguna ocupación u oficio pena de un mes de cárcel por la primera vez al que anduviere de holgazán, sea español, indio o de otra casta y de veinte pesos de multa, cualquiera que le acogiere con título de arrimado y no diere cuenta al gobierno para que le corrija y destine dónde trabaje y por las reincidencias será aplicado el bajo a las obras públicas con ración y sin sueldo por dos meses y echado luego de toda la provincia si no fuere natural de ella y siéndolo se tomarán con él otras providencias equivalentes que le sirvan de escarmiento y a los demás de ejemplo.

La libertad que tienen los sirvientes de dejar un amo y acomodarse con otro la usan algunos con tanta imprudencia y desenfreno que pide providencia este desorden y también el contrario de precisarlos a servir a quienes o les traten mal o no les pagan bien los salarios en que se ajustaron y para obviar ambos inconvenientes declaro y mando que el sirviente que estuviere debiendo a su amo, no pueda despedirse sin pagarle el empeño que tuviere, ni otro pueda admitirle sin que le haga constar esta circunstancia y que ningún amo pueda adelantar a sus sirvientes más del importe de dos meses de salario, ni impedir a los que estuvieren desempeñados buscar mejor acomodo.

Por lo que toca a las artes mecánicas y oficios no pongo tasa por ahora esperando que los oficiales de ellos moderarán el precio de sus obras y jornales a correspondencia de la gran rebaja que he establecido en todos los mantenimientos y efectos precisos al consumo público en comer y vestir, pero en caso que no se arreglen como deben, autorizo a los jueces y les mando que los regulen sus obras y tasen el trabajo en la forma que las leyes previenen. Y para que ninguno contravenga este reglamento y que los amos y los trabajadores puedan pedir al gobierno su observancia, se publicará y fijará en los parajes acostumbrados remitiéndose también con oficio mío a las misiones de este departamento en cuyo archivo de gobierno debe custodiarse. Real Presidio de Loreto 29 de abril de 1769.– Don José de Gálvez.– Por mandato de S.S. Illma. Miguel José de Azanza.

No. 17 Don José de Gálvez del Consejo y cámara de S.M. en el real y supremo de las Indias, Intendente de ejército, Visitador general de todos los tribunales de justicia, cajas y demás ramos de Real Hacienda de estos reinos y comisionado con todas las amplias facultades del Excmo. Sor. marqués de Croix, Virrey gobernador y capitán general de Nueva España, etc.

Por cuanto Felipe Romero natural de la Pimería alta y soldado de la compañía del real presidio de esta península me hizo presente en su escrito de 17 de agosto próximo pasado que por su avanzada edad de cincuenta años y por los achaques contraídos en 28 que ha obtenido la plaza de soldado de dicha compañía se vería precisado a solicitar la reforma y retiro de ésta suplicándome al mismo tiempo que en atención a sus dilatados servicios y a hallarse con una numerosa familia, sin facultades ni medios de mantenerla le asignara a nombre de S.M. dotación de solar y tierras en el distrito del rancho viejo de la misión de Santiago para sí y para sus hijos y descendientes y habiendo mandado en decreto del mismo día que informase sobre su instancia el capitán de la referida compañía don Fernando de Rivera y Moncada lo practicó en 18 del propio mes, asegurando ser cierto que dicho Romero había servido a S.M. los 28 años que exponía con toda exactitud y acierto, que le constaba también que tenía una crecida familia y que le juzgaba acreedor a las gracias que impetraba, bien que alterando la de la merced de tierras por lo que respetaba al sitio, pues suponía inconveniente y perjudicial a los naturales de Santiago su establecimiento en el mencionado rancho viejo por ser el centro de las tierras de labor de aquella misión, en cuya consideración resolví y determiné en Decreto de 30 del referido mes de agosto que se le concediese al expresado Felipe Romero la reforma que pretendía de la plaza de soldado y que respecto de estar informado también por el R.P. Fr. José Murguía, ministro de la misión de Santiago que podía originarse perjuicio a los naturales de ella de dar repartimiento en el sitio llamado el rancho viejo por las razones que exponía el capitán en su anterior informe se le librase en premio de sus servicios despacho de merced de un solar y cuatro suertes de tierra, las dos de riego y las otras dos de temporal en los llanos de la misión de San José del Cabo donde las señalase el comisario real que debería ir hacer los repartimientos de acuerdo con el R.P. misionero como encargado en la administración de las temporalidades de la misión entendiéndose que la extensión de cada suerte debía ser de doscientas varas de largo y ciento de ancho y que la gracia le era concedida para sí, sus hijos y herederos con las condiciones y prerrogativas que estaban declaradas en la instrucción formada por mí para los nuevos pobladores que se establecieren en esta parte del sur de la península cuyo tenor es el siguiente:

Instrucción que contiene las prerrogativas y condiciones indispensables con que a nombre del Rey nuestro Señor concedo mercedes de solares y suertes de tierras en los nuevos pueblos y distritos de las tres misiones de este departamento del sur de la California y en los demás parajes que se vayan poblando en ella.

1a. Los solares concedidos a los nuevos pobladores se han de señalar por los comisarios reales que nombraré en los sitios y con la extensión correspondiente a la que tuviese el terreno donde se establezcan los nuevos pueblos de modo que queden formadas su plaza y calles a cordel y que éstas tengan si fuere posible de catorce a 16 varas de ancho para que delante de cada casa y con inmediación de ella pueda el dueño poner dos árboles a igual distancia de la puerta y desviadas dos varas de la pared de fachada que sirviéndole a la comodidad y defensa de los ardores del sol, hermoseen y fertilicen los Pueblos.

2a. Cada suerte de tierra así de riego [sic] donde lo hubiese, como de temporal o secano, ha de ser de doscientas varas de largo y ciento de ancho, por ser éste el ámbito de terreno que regularmente ocupa media fanega de maíz en sembradura y como me propongo concederles a los nuevos pobladores en mayor o menor número según la calidad y mérito de cada uno se demarcarán también por los comisarios reales de acuerdo con los Ps.Ps. misioneros, si el repartimiento se hiciere en el distrito de las misiones respecto de estar encargados de la administración económica de sus temporalidades y que estos repartimientos de tierras se han de hacer sin perjuicio de los indios naturales en soldados reformados y en otros españoles de buenas costumbres.

3a. Las casas fabricadas en los solares concedidos y señalados a los nuevos pobladores y las suertes de tierras comprendidas en sus respectivas mercedes serán hereditarias con perpetuidad en sus hijos y descendientes o hijas que casen con pobladores útiles y que no tengan repartimiento de suertes por sí mismos, cumpliendo todos ellos las condiciones que irán expresadas en esta instrucción y para que los hijos de los poseedores de estas mercedes tengan la obediencia y respeto que deben a sus padres, ha de ser libre y facultativo en éstos si tuvieren dos o más hijos elegir el que quisieren de ellos, siendo secular y lego por heredero de la casa y suertes de población y también podrán si poseyeren más de una disponer que se repartan entre ellos pero no que una sola suerte se divida porque han de ser todas y cada una de por sí indivisibles e inajenables perpetuamente.

4a. Tampoco podrán los pobladores ni sus herederos imponer censo, vínculo, fianza, hipoteca, ni otro gravamen alguno, aunque sea por causa piadosa sobre la casa y suerte de tierras que se les conceden y si alguno lo hiciere contraviniendo a esta justa prohibición, quedará privado de la propiedad irremisiblemente y por el mismo hecho se dará su dotación a otro poblador que sea útil y obediente.

5a. Gozarán los nuevos pobladores y sus descendientes para mantener sus ganados del aprovechamiento común de aguas y pastos que tengan señalados el nuevo pueblo o misión donde se hallen establecidos y además disfrutará privativamente cada uno el pasto de sus tierras propias, pero a condición de que pudiendo tener y criar de toda clase de ganado mayor y menor lo han de mantener precisamente en pastoría para que no se alce y no ha de exceder de cincuenta cabezas, el que posean de cada especie para que de este modo se distribuya entre todos la utilidad que producen los ganados y que no se estanque en pocos vecinos la verdadera riqueza de los pueblos.

6a. Por término de tres años serán exentos libres los nuevos pobladores de pagar diezmos ni otro derecho alguno de los frutos que les produzcan las tierras de su dotación con tal que en el primer año contado desde el día que se les señalasen los solares y suertes construyan en la forma posible sus casas y las habiten y que cerquen o hagan zanjas para dividir y resguardar cada uno las tierras que se les repartan, poniendo a las lindes o márgenes divisorias en lugar de mojones, árboles frutales o silvestres que sean útiles a razón de diez en cada suerte.

7a. Después de los tres años satisfarán los diezmos a S. M. para que los aplique según fuere de su real agrado, como que enteramente le pertenecen no sólo por el patronato real absoluto que tiene en estos dominios suyos sino también por ser nobales, pues han de producir en terrenos hasta ahora incultos y abandonados y que se van a hacer fructíferos a costa de los grandes dispendios y gastos que causan las actuales expediciones.

8a. Pasado el referido término de los tres años y en reconocimiento del directo y supremo dominio que pertenece al Soberano pagarán los nuevos pobladores y sus descendientes un almud de maíz o de trigo al año por cada suerte de tierra de temporal y una cuartilla por la que fuere de riesgo [sic] y en beneficio de ellos mismos será obligación indispensable y común de todos concurrir a reparar las atarjeas del agua y las demás obras públicas de su pueblo incluso la iglesia sea parroquial o de misión donde tuvieren su feligresía.

9a. En el supuesto de que el ganado de cerda es de los más útiles en todas partes y que en esta del sur de la península donde enteramente se carece de él, se hace indispensable por ser el que destruye las víboras y la langosta a proporción que se multiplica será obligación precisa de los nuevos pobladores aumentar en cada año de los diez primeros dos puercas de vientre y mantener este ganado en pastoría como todo el de las otras especies a fin de que no lo destruyan como antes ha sucedido los leopardos y coyotes.

10a. Además de las puercas de vientre estarán también obligados los nuevos pobladores a tener dentro de los dos primeros años una yunta de bueyes o vacas, un arado, dos rejas o puntas de ellas para labrar la tierra, dos azadones, una hacha, un martillo, un cuchillo de monte, cinco ovejas o cabras y dos yeguas con hierro propio y en pastoría y finalizadas enteramente sus casas en la población dentro del mismo término tendrá igualmente cada uno en la suya cinco gallinas y un gallo.

11a. Por recompensa de la mayor aplicación en el cultivo y labor de las tierras se concederán dos suertes más al poblador que hiciere noria para regarlas de secano o temporal que ahora se le concediesen y señalaren y si entre dos hicieren noria de aprovechamiento común a ambos tendrá cada uno su suerte de aumento con sólo hacerlo constar al que gobernare en este departamento.

12a. En mayor honor y distintivo de los nuevos pobladores españoles les concedo a nombre de S. M. el fuero militar y los privilegios y excepciones que por sus Reales Ordenanzas gozan las milicias provinciales a condición de que cada poblador cabeza de familia tenga su caballo, un fusil o escopeta, una espada ancha y su manga y adarga para ocurrir a la defensa del país siempre que se ofrezca cualquiera invasión enemiga y auxiliar el gobierno o los ministros de las misiones, si ocurriere el caso de alguna conmoción o levantamiento interior de los indios, a cuyos fines se alistarán y distribuirán los pobladores en una o dos compañías que mandare formar en ese departamento del sur.

13a. Y librados por mí los despachos correspondientes de las mercedes de solares, tierras y aguas que concediere a los nuevos pobladores los han de presentar al comisario real y teniente de gobernador de este departamento don Manuel Espinosa de los Monteros para que tome razón de ellos en el Libro general de población que he mandado formar y que ha de guardarse en el Archivo del gobierno con los memoriales y decretos originales de las concesiones y si éstas las hiciere en el término de algunas de las misiones los exhibirán también al P. ministro de ella al propio fin de que tome razón de la merced en el Libro particular del pueblo y repartimiento de la misión. Dada en el real de Santa Anna a doce de agosto de mil setecientos sesenta y ocho.– Don José de Gálvez.–

Por tanto concedo al expresado Felipe Romero la reforma y retiro de la plaza que ha servido de soldado de la compañía del real presidio y ordeno y mando a todos los jueces y justicias de esta península y a los habitadores de ella de cualquier estado y condición que sean que lo tengan y reconozcan por tal poblador del nuevo pueblo de la misión de San José del Cabo y que puesta en el presente despacho la nota de haberse tomado razón de él por el comisario real y teniente de gobernador de este departamento en el Libro general de población se le señalen y pongan en posesión del solar y de las cuatro suertes de tierra las dos de riego y las otras dos de temporal que a nombre de S. M. le concedí en mi referido decreto de 30 de agosto próximo pasado en la misma conformidad que en él se dispone para que con arreglo a la instrucción que va inserta sean suyos y de sus hijos y descendientes perpetuamente y que también se extienda a continuación la diligencia del señalamiento del solar y suertes por el comisionado que la ha de hacer firmada del mismo y del R.P. ministro de la misión de San José que asimismo tomará razón en el Libro particular de la población de la misión para que siempre conste la situación de esta merced y se eviten controversias y dudas en lo venidero. Dado en el real de Santa Anna a veinte y cuatro días del mes de septiembre de mil setecientos sesenta y ocho años.– Don José de Gálvez.– Por mandato de su Sría. Illma. Miguel José de Azanza. –

En el Real de Santa Anna de esta Península de Californias yo el teniente de gobernador tomé razón de este despacho en el Libro general de población de este departamento del sur a fojas octubre diez y siete de mil setecientos sesenta y ocho años. Doy fe mediante la especial habilitación que tengo de S. S. Illma. Manuel Espinosa de los Monteros.

En la misión de San José del Cabo en veinte y cinco días del mes de octubre del año de mil setecientos sesenta y ocho. En vista de lo que en el despacho que antecede manda el Illmo. Sor. Don José de Gálvez del Consejo y cámara de S. M. en el real y supremo de las Indias, Intendente de ejército, Visitador general de los tribunales de justicia, cajas y demás ramos de Real Hacienda de estos reinos, etc.: y en virtud de las facultades que por su Decreto de comisión con fecha de 6 de dicho mes y año se ha servido conferirme para que arreglado a sus instrucciones y de acuerdo con el R.P. ministro de esta misión Fr. Juan Morán procediese al repartimiento de sus tierras tanto en los indios reducidos a ella como en algunos españoles a quienes S. S. Illma. ha concedido merced de solares y suertes de tierra en su distrito: He dado posesión a nombre del REY N. Sor. a Felipe Romero natural de la Pimería alta y soldado del real presidio de esta península de un solar de doce varas de ancho y veinte y cinco de fondo en la plaza de esta dicha misión que corre del L. O. y linda por aquel viento con el de Ignacio Arris y por éste hace esquina igualmente se le ha dado posesión de dos suertes de tierras de riego de doscientas varas de largo cada una y ciento de ancho en el llano inmediato al nombrado del teniente y corre de E. O. sin que por ahora linde con las de ningún sujeto y otras dos de secano en el de Santa Rosa, que corren de N. S. también por ahora sin linderos: Y para que en todo tiempo conste esta posesión firmo juntamente con el R. P. misionero estas diligencias practicadas en ella en dicho día, mes y año.– José María Laso.– Fr. Juan Morán.– Real de Loreto 29 de abril de 1769.–

Respecto a que después de practicadas las diligencias antecedentes de señalamiento de solar y suertes de tierras en la misión de San José del Cabo en cumplimiento del despacho de merced que en cuatro de septiembre anterior concedí a Felipe Romero, soldado reformado de la compañía del presidio, me pidió y le hice nueva concesión en San Luis Gonzaga que fue misión de indios y se ha trasladado por mi disposición a la de Todos Santos prevengo y declaro que la nueva merced que a nombre de S. M. hago al mismo Felipe Romero, sus hijos y descendientes perpetuamente y por juro de heredad comprende la Casa Misión que fue de San Luis Gonzaga con los cortos muebles y útiles que mandé dejar en ella y otros que se pasaron de la inmediata de la Pasión con el uso de la iglesia cuyo título y advocación son también de San Luis Gonzaga para que en ella se celebre el santo sacrificio de la misa y se administren los demás sacramentos por uno de los Rdos. Ps. ministros de San Xavier luego que haya dos en esta misión, a cuyo distrito y feligresía agrego por ahora la iglesia y territorio de San Luis con las tierras, aguas y pastos comprendidos desde el arroyo que también se llama de San Luis hasta el de Acheme ambos inclusive, con diez ovejas y un carnero y cinco corderos, diez cabras y un macho cabrito y cinco cabritos, seis gallinas y dos gallos todo existente en la misma casa y tierras contiguas a ella y le concedo facultad para que del ganado vacuno alzado y perdido que quedó en los campos y montes de San Luis y de la Pasión, coja y haga suyo todo el que pudiere reducir y que lo mismo ejecute del caballar y mular que quedó en los propios parajes, bien entendido que de éstos ha de entregar a la misión de Todos Santos las cabezas que recogiere, reteniendo para sí una quinta parte de ellas en premio de su trabajo y quedando obligado el mismo Felipe Romero y sus hijos y descendientes a cumplir las condiciones contenidas en mi Instrucción de 12 de agosto del año antecedente que se halla inserta en este despacho a conducir al puerto de la Paz cuanto antes pueda las restantes cabezas de ovejas y cabras que existen en San Luis a mantener allí con sus caballerías tres pertenecientes al REY que de este departamento se le han de entregar por disposición mía, para que los correos y soldados que transitaren puedan remudar bagajes sin perjudicarle y por último a casar sus hijas con la condición capitulada de que sus maridos se establezcan en aquella estancia de San Luis para que así se forme en ella una nueva población. Póngase copia en el libro que he mandado formar de repartimientos y población de este departamento así del despacho de merced, como de este decreto que ha de tener la misma fuerza y solemnidad para que siempre conste la nueva concesión que hago perpetua al dicho Felipe Romero, sus hijos y descendientes y para que si alguno de ellos extraviase por contingencia este título legítimo que ha de entregarse original puedan recurrir a sacar otro del expresado Libro de repartimientos y población.– Don José de Gálvez.–

No. 18. Illmo. Señor: Pedro Regalado de Soto, vecino de esta capital de California ante la superioridad de V. S. Illma. en la más bastante forma que por derecho lugar haya parezco y digo: Que habiéndose la caridad de V. S. I. dignado de perdonarme la pena debida según el defecto en que incurrí poniéndole presente a V. S. Illma. que el haber alijado la carga fue puramente pensando acertar, no con otro ánimo, así también espero de la piadosa distributiva que administra se sirva su Sría. Illma. de ocupar mi persona asignándome un corto sueldo para la congrua sustentación de mi pobre familia por hallarme en la presente estación totalmente insolvente y sin poder hacer diligencia que me valga por todo lo cual: A. V. S. Illma. pido y rendidamente suplico se sirva mandar como llevo suplicado juro no es malicia y en lo necesario, etc.: No sé firmar.

Real de Loreto 30 de abril de 1769. Aunque por el Reglamento de sueldos de la Marina está señalada la soldada de 10 pesos a los arraeces de las canoas, concedo al suplicante sin ejemplar doce pesos cada mes por los muchos años que ha servido y por mera conmiseración a su edad y familia y mando que se le ponga de arraes en la canoa el Sacramento que destino a traer sal de la isla del Carmen y que el actual arraes de dicha canoa vuelva a la tripulación del paquebot de S. M. la Concepción.— Gálvez.

No. 19. Instrucción que debe observar el Comisario real de este departamento del sur de California en el manejo y cobranza de los ramos de la Real Hacienda que quedan establecidos en virtud de mis bandos, instrucciones y providencias dadas desde mi arribo a esta península y que he mandado poner en el archivo de las casas reales de Santa Anna.

1o. Se reducen los ramos y rentas reales hasta ahora establecidas en beneficio del erario y en utilidad pública de los naturales y moradores de este departamento al de los sumarios de la Bula de Santa Cruzada, que no se conoció antes en esta península, al reconocimiento real y personal de naturales nuevos pobladores y tributarios forasteros o transeúntes al real quinto de perlas y a los estancos de sal, tabaco, naipes, pólvora, papel sellado y azogue.

2o. *Limosna de la Bula de Cruzada.* Para la administración del primero de dichos ramos se arreglará el comisario a la Instrucción provisional que en 12 de diciembre de 1767 puse en México a consecuencia de la carta circular de 8 del mismo que dirigí a todos los párrocos de Nueva España y demás provincias comprendidas en su gobierno y virreinato advirtiendo únicamente a dicho comisario que dejando yo repartidos los sumarios de esta predicación a los dos curas vicarios y a las dos misiones de Todos Santos y San José que hay en este departamento, sólo tiene a su cuidado recoger el importe con arreglo a las notas que de mi orden se le han pasado, dar a los cuatro ministros de dichas misiones y feligresías los sumarios que les faltaren de los que a este fin le quedan en la caja y ni ahora ni en las siguientes predicaciones pedirán fianza a los Res. Ps. misioneros ni a los dos párrocos por la seguridad con que he dispuesto se cobre el importe de la limosna de la Bula.

3o. En las cuentas corrientes que tienen las dos misiones con la Real caja y almacén de la comisaría se debe cargar el valor de los sumarios entregados a cada una por satisfacerse de los caudales y bienes de comunidad y ejecutando lo mismo con el pueblo y curato de Santiago por ser de indios y administrarse como las otras dos misiones de este departamento, percibirá el comisario en cuanto a la feligresía de Santa Anna del Cura vicario de ella la limosna de los sumarios que cobrare por sí del común de feligreses y descontará a los sirvientes de la expedición los que distribuyese a éstos en la forma que le prevengo por esta instrucción tratando del siguiente ramo del reconocimiento o tributo personal.

4o. *Reconocimiento real y personal de vasallaje.* Este

Ramo consiste en el reconocimiento que por mi Instrucción dada en primero de octubre del año anterior para la administración y manejo de las temporalidades de estas tres misiones establecí que entreguen cada año sus naturales en el que he mandado también que paguen los dueños de sitios de tierra para la cría de ganados a quienes los he concedido por despachos y decretos que el comisario general de población irá entregando en el Archivo de las casas reales y en la pensión o canon enfitéutico que han de contribuir los nuevos pobladores y los diezmos de los frutos que cojan en las tierras con que se les ha dotado, cumplido el término que señalé en mi Instrucción de 12 de agosto del año antecedentes. Y supuesto que todo debe constar en el Archivo ha de arreglarse el comisario real para el cobro de este ramo a dichas instrucciones y providencias mías que van citadas.

5o. Los indios forasteros y demás castas de tributarios, con arreglo a mi bando de esta fecha, deben también pagar por vía de reconocimiento y vasallaje diez reales al año y para que les sea más fácil e inservible (?) esta contribución se les debe descontar un real cada mes de los salarios que les están asignados por mi reglamento a fin de que paguen así dicho reconocimiento como los dos reales de la limosna de la Bula, entendiéndose sobre este particular con los amos a quienes sirven estos tributarios forasteros o transeúntes, pues los indios naturales se comprenden en el reconocimiento anual de sus misiones o comunidades respectivas.

6o. *Real quinto de perlas.* Respecto de que dejo nombrado veedor de los placeres de perlas y buceo de ellas al capitán de milicias don Manuel García Morales con la calidad de juez administrador de este ramo para que corran a su cuidado las licencias, distribución de las canoas del buceo y cobranza o ajuste del real quinto, sólo será del cargo del Comisario Real formar la cuenta de lo que por esta razón le entregase respectivo a este departamento dicho juez administrador y remitir las perlas o la cantidad en que hubiese ajustado el derecho de ella a la Caja matriz de Guadalajara donde corresponde el entero de este ramo y el de los otros de Real Hacienda que no están sujetos a especiales y separadas administraciones con oficinas establecidas para su particular manejo, cuenta y razón como suceda con los tres estancos de tabaco, pólvora y naipes.

7o. *Renta de la sal.* Para facilitar igualmente la administración de la sal en este departamento, cuyo estanco se estableció por mi bando de cinco de noviembre del año próximo pasado, he dispuesto por mi Despacho de nueve del presente nombrar al mismo don Manuel García Morales por juez reconocedor, administrador de las salinas de la isla del Carmen y demás que hay en esta península y hecha por mí la regulación del costo que tienen economizando los gastos de todo lo posible, la saca y conducción de la sal del Carmen al almacén de este puerto dejo canoas destinadas para ello a disposición de dicho administrador y mando al Comisario Real en consecuencia de todo que abonando por la Caja Real de su cargo doce reales en fanega de sal que ha de entregar al expresado Morales expenda toda la que se necesite en este departamento para la minería, la pesca, abasto de carnes y el del público y las misiones a los precios señalados en el siguiente artículo.

8o. Cada fanega de sal que para evitar desperdicios y otros inconvenientes se ha de vender al peso de seis arrobas y seis libras netas cada una que hace rasada la medida real, la venderá al común a tres pesos y medio en el almacén de Santa Anna y en el de este puerto o en Cerralbo a tres pesos, pero siendo para las misiones la expedición y el abasto de carne y pescado sólo ha de cargar a dos pesos y medio entregada en este almacén entendiéndose con dicho administrador para que aquí se apronte toda la que fuere precisa y para llevar la cuenta y razón del número de fanegas con la debida claridad, en inteligencia de que dicho comisario la ha de remitir anualmente a la caja matriz como de los otros ramos de Real Hacienda.

9o. *Estanco de Tabaco.* Con preciso arreglo a las ordenanzas e instrucciones de este ramo que remito al Comisario Real acompañadas de una carta circular que en 19 de febrero del año antecedente dirigió el Excmo. Sr. Virrey a todos los jueces de los dominios de Nueva España debe administrar este estanco y vender la libra de tabaco en hoja a los doce reales señalados en mi Decreto de 12 de julio y en el Bando que publiqué en 14 de septiembre del año anterior y mediante que para evitar la embarazosa cuenta de mermas considerables que se experimentan en el tabaco en rama por lo seco de este temperamento, he dado providencia para que se traiga labrado en cigarros y puros, mando a dicho comisario que vendiéndolo en esta conformidad a real la cajilla y el pepal de puros, luego que se despache todo el que le queda en manojos forme la cuenta del vendido de seis en seis meses desde el doce de julio en que se estableció esta renta y la remita sucesivamente a la Factoría general de ella establecida en Guadalajara al cargo actualmente de don José de Trigo bien entendido que en cuanto a los precios a que deberá dar el tabaco de polvo que después se le remita por no estar fijados en mi bando y decreto anteriores a causa de que no había de las tres diferentes clases que se despachan en el estanco, se le dará a su tiempo la orden correspondiente por el Excmo. Sor. Virrey o por mí.

10o. Por las particulares ordenanzas de este estanco que también remito al Comisario de Real Hacienda expenderá las barajas que ahora han venido de mi orden, dando cada una al precio de doce reales y la cuenta de este ramo la formará y dirigirá al director general de él para que se revea y apruebe por la particular oficina a que corresponde este ramo de la Real Hacienda.

11o. *Renta de Pólvora.* Asimismo remito con esta instrucción la Ordenanza del Real Estanco de la Pólvora, para que arreglándose a ella y a mi Decreto de 13 de julio del año antecedente en que mandé vender a doce reales la libra que antes valía a dos pesos, expenda el repuesto que le queda de este género por cuenta de la expedición respecto de que ésta se ha de entender con la real fábrica y administración general del ramo.

12o. *Azogue.* Lo mismo ha de ejecutar dicho comisario con la partida de azogue que se le entregó y está a su cargo expendiéndolo de cuenta de la expedición por el precio señalado en mi citado Decreto de 13 de julio del año próximo anterior mediante que la misma expedición debe entenderse con la Real Caja de Guadalajara de donde se entregó. Pero consumida la partida existente de azogue y también la de pólvora, se entenderá el comisario con dicha real caja y con la Administración general de México respectivamente para la distribución, cuenta y enteros sucesivos de las partidas que se le remitan de uno y otro género.

13o. *Papel Sellado.* Luego que en cumplimiento de orden que he dado a los oficiales reales de Guadalajara reciba dicho comisario el papel sellado administrará este ramo por las sencillas y sabidas reglas que prefinen las leyes, su instrucción en conformidad de las Leyes Reales y de los diferentes precios de cada sello, remitieron la cuenta anual a la misma Caja Matriz de Guadalajara.

14o. Y en atención a que del producto líquido y anual de los ramos de Real Hacienda que van expresados se han de satisfacer las cargas y obligaciones de esta península, prevengo últimamente al dicho Comisario

Real de este departamento que forme al mismo tiempo la cuenta de los gastos respectivos a él que sean de cargo de Real Hacienda y la remita a los mismos oficiales reales de Guadalajara para que el sobrante o lo que faltare a cubrir todas las obligaciones de gobierno, tropa y marina de esta provincia, se cobre o abone respectivamente en cada año mediante que en aquella caja se han de percibir los reales quintos de platas y el de perlas que se satisfaga en especie.

Dada en el puerto de la Paz a 12 de abril de 1769. Don José de Gálvez. Concuerda con su original. Real de Santa Anna del sur de Californias y junio 30 de 1770 años y pase a poder del señor don Bernardo Moreno para que le sirva de gobierno. Matías de Armona.

Es copia de su original de que certifico. México 20 de marzo de 1777.

Melchor de Peramás

ANEXO 2

INSTRUCCIONES DE BUCARELI

A.G.N., *Californias*, vol. 13, exp. 7, ff. 188-190v.

La Instrucción adjunta impondrá a Vm. de cuanto debe observar en el gobierno de Californias que le he conferido para que pase a relevar a don Felipe Barri.

Esta península, por su distancia y por la desunión de los jefes padece en la actualidad una constitución demasiado triste que han fomentado las desavenencias y discordias suscitadas entre el gobernador Barri y los P.P. misioneros. Para cortarlas y para establecer de una vez la paz y buena armonía que necesita, de modo que no se atrase el servicio ni la conquista espiritual de las almas que pueblan el terreno tuve presentes las buenas cualidades de moderación y prudencia que en Vm. [Felipe de Neve] concurren y siendo ésta la que debe gobernar todas sus acciones en aquel distante destino, espero que así lo ejecute correspondiendo a mi confianza y al honor con que debe desempeñarse el servicio prefiriéndole a todo para merecer el real agrado.

Creo que en fuerza de mis últimos oficios de ruego y encargo al P. presidente de las misiones, Fr. Vicente de Mora se habrá aquietado el espíritu de discordia que reinaba en la provincia y respecto de que con esta fecha doy a este religioso aviso del nombramiento de Vm. reiterándole cual del agrado de Dios y del REY será deponer resentimientos, dedicándose cada uno a verificar el cumplimiento de lo que está a su cargo sin dar lugar a quejas ni disenciones, prevengo a Vm., que por su parte viva cuidadoso de evitar estos lances entendido de que si alguno ocurriese que por no estar comprendido en las instrucciones necesite la decisión mía debe consultarme para merecerla, manteniendo en el ínterin la tranquilidad y correspondencia que es debida.

Desde el artículo 8 hasta el 13 inclusive hallará Vm. prescrito cuanto conviene observar con el comandante y misioneros de los nuevos establecimientos de la península para su correspondencia y auxilio cuyos estrechos encargos reitero en esta orden a fin de llamar a uno toda la atención que se merecen con respecto a los principios en que se hallan, ya que el REY quiere se les facilite todo el fomento de que son capaces con la mira de hacerlos útiles en lo sucesivo y yo con la de que todo se verifique cumplidamente paso en esta propia fecha a don Fernando de Rivera y Moncada y al Pe. presidente Fr. Junípero Serra el aviso que corresponde del nombramiento de Vm.

Los 19 documentos pertenecientes al Archivo del departamento del sur de la península que paraban en esta Secretaría por haberlos remitido a ella el antecesor de Vm. Dn. Felipe Barri son adjuntos con su índice para que Vm. los lleve consigo y coloque donde corresponde, bien entendido de que siendo relativos a las disposiciones de buen gobierno, policía y demás que dejó dictadas el Illmo. Sor. Visitador general don José de Gálvez cuando estuvo en ella, deben observarse exactamente todas, en tanto que por los [?] no se hayan variado o varíen en lo sucesivo.

Las Cartas para Dn. Felipe Barri, para el comandante de los nuevos establecimientos, presidente de misiones de ellos y los de la Antigua California las acompaño para que Vm. entregue unas y dirija las otras a la llegada a su destino.

Por último repito a Vm. que su desvelo debe sufragar a lo que no se haya tenido presente en las instrucciones procediendo en todo con la justicia, moderación y prudencia que de él confío y dándome parte de cuanto vaya adelantando en la verificación y calificación de los demás puntos que comprenden para determinar en su vista lo que se tenga por justo.

Dios guarde a Vm. muchos años.– México 28 de octubre de 1774.– El Bo. Fr.– Dn. Antonio Bucareli y Ursúa: Sor Felipe Neve.

ANEXO 3

REGLAMENTO PROVISIONAL DE BUCARELI

A.G.N., *Californias*, vol. 13, exp. 7. ff. 190v-204v.

Instrucción que debe observarse en el gobierno de la península de Californias y se entrega a Dn. Felipe Neve, sargento mayor del Regimiento provincial de caballería de Querétaro, a quien he nombrado por Gobernador.

1o. Todo buen ministro debe tener por norte de sus operaciones el servicio de Dios y del REY. La península de California ha padecido confusiones que deben desterrarse y necesita de un sujeto prudente y amante del servicio para establecer, mantener y radicar el buen orden, lo que no podrá conseguirse mientras entre los ministros reales y R.R.P.P. misioneros no se observe la armonía y correspondencia que se requiere.

Estas causas y el deseo de cortar de raíz los males que se iban preparando por las desavenencias entre los religiosos dominicos y el gobernador Dn. Felipe Barri lo han sido de que le nombre sucesor que con prudencia y honor y celo procure hacer el servicio en aquel remoto destino y corresponder a la confianza.

2o. En el archivo de la Gobernación deben existir las instrucciones, decretos y providencias que dejó dictadas el Illmo. Sor. Visitador general D. José de Gálvez el año de 1769 así para el manejo de los ramos de Real Hacienda, como para la hermosura, lustre y decoro de las poblaciones, atención y trato de los indios; pesquerías y buceo de perlas, auxilio de las misiones y otros puntos que es indispensable observar, no habiendo posterior orden en contrario o que vayan variados en esta instrucción y hallándose en la Secretaría de Cámara de este virreinato 19 documentos originales de esta clase que don Felipe Barri remitió con carta de 5 de octubre del pasado de 1773 expresando pertenecer al departamento del sur donde existían, se entregan al nuevo gobernador para que los lleve consigo y coloque donde corresponda, hecho previamente cargo de cuanto contienen, bien entendido de que un índice igual al que se acompaña y la copia de ellos queda para constancia en la secretaría y la nota que corresponde.

3o. Igualmente deben hallarse en el archivo los testimonios del Reglamento provisional aprobado en junta de Real Hacienda y lo acordado en ella para gobierno de la península y departamento de Sn. Blas; una instrucción con catorce prevenciones relativa a lo prescrito en el último artículo del Nuevo reglamento de presidios y un ejemplar de éste que bajo de la precisión reiterada en la carta acompañatoria de fecha de 7 de septiembre de 1733 debe tener todo efectivo cumplimiento.

4o. Como las indicadas prevenciones se formaron indistintamente para observancia del gobernador de Californias, comandante de sus nuevos establecimientos y comisario del departamento de Sn. Blas debe cada uno observar inviolablemente lo que le toca y se prescribe en ellas para que no resulte cargo.

5o. En una carta de 17 de agosto del año próximo pasado de 1773, se mandó a Dn. Felipe Barri que siendo uno de los puntos que pedían más ejecución para arreglar aquellos destinos el corte y envío de las cuentas hasta fin de diciembre de él para su glosa y liquidación en este Real Tribunal, cuidara de evacuar este punto eficazmente, estableciendo para que así se observe desde 1o. de enero de este año el método y reglas prescritas en el Reglamento provisional. Aunque esto se suponga verificado no lo está la remesa de las cuentas y siendo ésta de la mayor importancia debe el nuevo gobernador enterarse del motivo y disponer lo conveniente al cumplimiento de mis órdenes avisándome puntualmente las resultas sobre que se le hace estrecho encargo.

6o. No es menor el que se le hace en cuanto a la correspondencia y buena armonía que está obligado a seguir con los religiosos misioneros para desempeñar el recomendable objeto de las reales intenciones y los santos fines de la reducción de gentiles al gremio de la iglesia. Sobre este particular están hechas al gobernador las más estrechas pretensiones. Con carta de 6 de junio de 1772 se le pasó testimonio de lo acordado en Junta de Guerra y Real Hacienda en cuanto a la entrega de misiones de aquel departamento a los P.P. dominicos y pues por él se le encarga el auxilio que ha de prestarles y el cumplimiento de sus respectivas obligaciones en la materia, me remito a este documento, añadiendo solamente que debe darme parte de los progresos que hagan estos religiosos en la conquista espiritual y en la erección de otras nuevas sin permitir que salgan de los límites que se les demarcaron, para lo que previamente reconvendrá al reverendo Pe. Presidente de ellas.

7o. En la quinta prevención de las que quedan citadas se discierne puntualmente a quién toca el manejo, gobierno y castigo de los indios bautizados, con las demás acepciones en ella expresadas y como de no entenderse bien las facultades de cada uno pueden resultar en lo sucesivo iguales controversias, que las que sufre actualmente la península, conviene arreglarse al literal sentido de lo mandado, venciendo con prudencia las dudas que puedan producir cuestión y no tenerse ahora presentes.

8o. Una misma armonía que con los padres misioneros es preciso guardar con el comandante de los nuevos establecimientos de San Diego y Monterrey, sin ella no tendrán cumplido efecto las ideas y disposiciones dadas para su fomento. El comandante de aquellos presidios está nombrado con directa privativa subordinación a mi superioridad, aunque no por esto libre de reconocer al gobernador como jefe principal de toda la península y del mismo modo que a mí debe darme cuenta de cuanto ocurra en el territorio de su jurisdicción está obligado a practicarlo con el gobernador sin que por esta razón tenga éste la facultad de variar las providencias que diere o se dirijan al aumento de aquellas poblaciones.

9o. El servicio del REY es justo se prefiera a todo y siempre que así suceda merecerá el gobernador y comandante el agrado de S.M., mas como la distancia es remota y a la prudencia de ambos se fía el desempeño, no puedo menos que recomendarles la mutua correspondencia para conseguir el logro de esta importancia inspirándoles allanen con prudencia las dudas que en este punto puedan suscitarse y acaso no hayan tenido presentes, consultándome ambos la decisión de común acuerdo; pero sin dilatar el servicio de que me será responsable el más culpado.

10o. Las misiones y nuevos establecimientos de Californias están todavía muy en los principios de su fomento. El REY, como que lo desea, tiene mandado se atiendan con particularidad por redimir aquellos habitantes de su infeliz constitución y propagar la fe en aquellos ignorados terrenos. Por mi parte cuido atentamente de franquear cuantos auxilios necesitan y tengo dadas las providencias conducentes a su subsistencia y extensión movido de igual ánimo. Sus socorros están sujetos por ahora a la inconstancia de los mares y de un acontecimiento imprevisto puede resultar en ellos escasez de un todo; en este caso es probable que su comandante recurra al gobernador para que le auxilie, bien sea con gente, ganado vacuno y demás víveres y provisiones de que carezca, como está encargado; y respecto a que en cosa tan importante es el servicio el que más se interesa: repito al gobernador la obligación que tiene de socorrerle, no obstante que con fecha de 10 de septiembre de 1773 se le previno de todo esto.

11o. Por el Artículo 18 de la instrucción que llevó el comandante de los nuevos establecimientos se prescribe que luego que llegara a ellos dispusiese la vuelta al presidio de Loreto de los soldados de cuera que no debían permanecer allí y que los de la compañía de voluntarios con su comandante Dn. Pedro Fages se restituyeran a Sn. Blas en la primera ocasión de barco, cuya resolución se avisa para noticia e inteligencia de el gobernador.

12o. Puede acaso tenerse necesidad en Monterrey de pasar a mis manos pliegos de importancia con motivo de la expedición de descubrimientos en que se entiende de la costa septentrional u otro, cuya noticia demande ganar los instantes con que no habiendo más oportuno medio de conseguirlo que despachando correo por tierra al presidio de Loreto con dirección al gobernador fin de que me los remita sin detención, tendrá entendido este jefe que por ningún caso debe dilatar el envío de los pliegos y que será responsable de la dilación siempre que tenga oportuna ocasión de barco.

13o. Para esta importancia y para cuanto ocurra del servicio en la península conviene tener siempre abierta y libre la comunicación de los nuevos establecimientos. Con este objeto se previno en sus instrucciones al comandante de ellos contribuyera con eficaces disposiciones cuidando de hacer algunos despachos por tierra y que no lo dilatara cuando ocurriese novedad digna de saberse con presteza y siendo indispensable que el gobernador haga lo mismo por su parte se le previene que así lo ejecute, teniendo presente que para que los indios habitantes del tránsito no sean molestados eche mano para este efecto de los individuos más honrados y experimentada conducta, a quienes encargará este cuidado.

14o. Del buen trato de los naturales y del ejemplo que se les dé por los empleados, tropa y vecinos de los antiguos establecimientos pende la subsistencia de ellos y que se hagan crecidas poblaciones de indios útiles al estado. No basta que el gobernador, por su persona observe esta sana conducta, sino que en todos sea uniforme, para que no se perviertan los indios y cuando alguno se olvide de tan precisa obligación le impondrá el castigo que merecen sus excesos.

15o. Para precaverlos e impedir escándalos y movimientos reside en el gobernador, la privativa jurisdicción propia de su empleo y carácter y los P.P. misioneros no tendrán acción de estorbar que sus ministros o soldados hagan rondas por los parajes que les señale; pues aunque el R.P. presidente de las doctrinas se halle autorizado del carácter de juez eclesiástico y con las facultades que le concede el artículo 5o. de esta instrucción con referencia a lo resuelto en Junta de Guerra y Hacienda celebrada en 6 de mayo de 1773, en cuanto al mando, castigo y crianza de los neófitos a la manera de un padre de familias que tiene la obligación de cuidar y corregir los defectos de sus hijos, no puede ni debe oponerse a los actos de la jurisdicción ordinaria que inseparable del empleo de gobernador como en carta de 24 de agosto último se avisó de ruego y encargo del P. presidente Fr. Vicente de Mora de que previne a el gobernador Dn. Felipe Barri con la citada fecha.

16o. Tampoco este padre ni demás religiosos pueden

llamar ni emplear los soldados sin licencia del gobernador según que en la misma fecha se les previno, prescindiendo un caso urgente o raro que no admita dilación; éste y el anterior artículo han sido hasta ahora mal entendidos por los religiosos doctrineros y si no se remedia como tengo mandado será dar motivo a que los naturales impresionados e imbuidos en que sólo dependen de ellos llevarán mal la subordinación y obediencia que están obligados a prestar al gobernador, como que representa la persona del Soberano y jamás sufrirán con gusto el vasallaje en que se constituyeron.

17o. La facultad de despachar barcos y habilitarlos es indisputablemente privativa del gobernador de la península y si alguno quisiere hacerlo por su conveniencia le pedirá licencia, pues sin ella aunque sea el Pe. presidente de las misiones el que despache, se le deberá impedir a menos de haber preciso motivo para ello en cuyo caso y no oponiéndose al servicio dará su permiso el gobernador a la persona que por ausencia o muerte substituya sus funciones, teniendo cuidado de hacer entender a los capitanes, patrones o arraeces de las lanchas o buques que tenga el departamento el delito en que incidirán si para hacerse a la vela no toman antes la correspondiente venia, como sucedió con el que despachó el Pe. Fr. Vicente de Mora, mandando la lancha de las misiones, cuya causa he ordenado a don Felipe Barri, con fecha de 24 de agosto último informe y siga para imponerle el castigo que merece y debe ser uno de los primeros cuidados del nuevo gobernador luego que llegue.

18o. Así como son funciones del empleo de gobernador el despacho de barcos de que trata el anterior artículo, le está prohibida por las Leyes de Indias y repetidas reales órdenes y cédulas la admisión de embarcaciones extranjeras en los puertos de la comprensión de su gobierno, sobre que debe celar exactamente o sin permitir tampoco el comercio en ellos a las embarcaciones españolas deteniéndolas y asegurando sus individuos hasta dar cuenta a esta superioridad con inventario formal de efectos y papeles para resolver lo conveniente; pero de esta regla deben exceptuarse las embarcaciones que salgan de San Blas o costas de Sonora a negocios del servicio y la Nao de Filipinas, que viene a Acapulco todos los años y puede arribar a algún puerto obligada de la necesidad o por otro incidente.

19o. Por disposición de el Pe. presidente de las misiones de la Antigua California han estado detenidos mucho tiempo en la de Sn. Fernando Velicata, frontera de gentiles varios fardos de cajones de efectos pertenecientes a los P.P. misioneros del Colegio Apostólico de Sn. Fernando y teniendo comunicada orden para que sin embargo de que se abran y examinen se entregue todo a disposición de estos religiosos, será uno de los principales cuidados del gobernador, en cuanto tome posesión del mando reducir a efecto esta providencia, poniéndose de acuerdo con el P. presidente Fr. Vicente de Mora si ya no estuviese evacuado el punto en fuerza de la prevención de ruego y encargo que le hice con fecha de 24 de agosto.

20o. A consulta del Real tribunal de cuentas está pedido que para el mantenimiento de las tropas y marinería y sustento de los indios con ahorro de los reales intereses se mandase al gobernador publicar bando en todas las doctrinas a fin de que todos los dueños de ganados, en el término de cuatro meses los señalaran y marcaran con los hierros distintivos de su pertenencia, en el concepto de que cumplido el plazo sin verificarlo se declarasen por orejanas y alzadas todas las reses que quedaran de las cuales podría hacerse uso para las urgencias de los naturales y sustentar la marinería y tropa del departamento, prohibiéndole a otra cualquiera persona y constándome la excesiva abundancia de ganado alzado que pasta en los montes de la península, mayormente el vacuno, cuyas carnes bien aprovechadas serán de un considerable ahorro a la Real Hacienda y conducía mucho a los progresos de la reducción de gentiles que viven en la inmediación de las misiones; tengo resuelto que esta providencia se efectúe. Para verificarla se remitió, con fecha de 14 de julio a don Felipe Barri la respectiva orden con testimonio del expediente, pero por si no estuviere cumplida, se renueva al nuevo gobernador la importancia de su ejecución con el encargo de que avise las resultas.

21o. Por los documentos de la cuenta de la Comisaría de Santa Anna del sur de la península se deducen varios gastos erogados en sueldos de operarios de minas, víveres, plomo, greta, azogue, sal, fierro, acero y otros útiles para beneficiar los metales, no hallando los ministros que glosaron esta cuenta ninguna partida de cargo por producto de las minas en plata de azogue o fuego, como me ha representado el Real tribunal de cuentas, es indispensable que el nuevo gobernador, con el secreto y prudencia que corresponde se dedique a averiguar ¿cómo habiéndose gastado 1318 libras de azogue a que correspondía la manifestación de igual número de marcos de plata? y ¿cómo datándose en la cuenta de cantidad de greta y plomo para beneficiar por fuego otros metales, no se halle ni acredite en ella haberse sacado para S.M. ni una onza de plata, trabajándose las minas de cuenta de la Real Hacienda? Este caso es sumamente sospechoso y demasiado interesante para despreciarlo. El nuevo gobernador va constituido de la obligación de mirar por el beneficio del erario celando la economía de gastos y respecto a que por Decreto de 24 de agosto le tengo cometida la averiguación de estos particulares le repito con estrecho encargo por este artículo para que con la actividad y eficacia que se necesita proceda a practicar las diligencias correspondientes, dándome cuenta con ellos cuando se hallen en estado.

22o. La práctica de estas diligencias es verosímil imponga al gobernador del provecho que puede rendir al REY el beneficio de estas minas y el de que prometen en lo sucesivo, como también del riesgo a que estén de perderse por las contingencias regulares. Si así no sucediere procurará el gobernador inquirir y averiguar los indicados particulares, solicitando su arrendamiento con las posibles ventajas para lo que le concedo amplias facultades con calidad de que practicadas las diligencias correspondientes me dé cuenta de las resultas para determinar lo que convenga según las circunstancias que concurran y debe representarme con exactitud.

23o. Fuera de las minas de que tratan los artículos anteriores, hay otras en la península que pertenecen a particulares y deben reconocer para su manifestación y quinto a las cajas de Guadalajara. El abandono o impericia con que este punto se trataba hasta poco tiempo hace se halla corregido en parte por la disposición que dictó el comisionado de Sn. Blas, Dn. José del Campo Viergol y yo tengo aprobada. Este ministro avisó a Dn. Felipe Barri, con fecha de 29 de julio de 1773 que cuando se embarcaran las platas en pasta, convenía al servicio del REY, pasar nota a la comisaría del departamento en que se expresara su peso y el sujeto a quien pertenecía para proceder al debido cotejo y precaver fraudes. La providencia es ventajosa y útil: el comisario de San Blas tiene obligación de dar cuenta a los ministros de las cajas de Guadalajara de las platas que se conducen en aquellos buques, para que procedan contra los dueños si no las presentan al quinto y si en el gobernador de Californias falta el debido cuidado en la observancia de lo acordado, resultarán perjuicios al erario; de que será responsable en cuanto se averigüe.

24o. En la nota o registro que se envíe a la Comisaría de San Blas es oportuno consten también los sujetos que se transporten, expresando con sus nombres, si dejan pagado su fletamiento y, pues uno y otro artículo son interesantes a la Real Hacienda mayormente cuando nada más cuesta que el material de trabajo del aviso y asientos, cuidará el gobernador de su puntual observancia bajo la responsabilidad indicada.

25o. Si la paz, correspondencia y buena armonía que debe subsistir entre los R.P.P. misioneros y el gobernador es recomendable no la es menos la que están obligados a guardar entre sí los ministros reales. La experiencia me ha hecho ver que la desunión y discordancia de don Felipe Barri y el comisario Dn. Antonio López de Toledo cimentaron las inquietudes y disgustos de unos y otros con perjuicio notable del servicio escándalo y mal ejemplo de los naturales. Mis disposiciones y la reparación de ambos ministros no han tenido más objeto que el cortar de raíz estos males y radicar en la península la tranquilidad de que carece. El nuevo Reglamento provisional prescribe las funciones del comisario y las obligaciones de gobernador en cuanto la intendencia de la Real Hacienda. Ciñéndose cada uno a la observancia de las que le corresponden y estableciendo el buen trato y correspondencia que se requiere, se hará el servicio con ventaja y no habrá motivo de queja: mayormente si como buenos jefes en un caso de duda me consultaren de común acuerdo la decisión sobre que a uno y otro hago el más estrecho encargo.

26o. Ultimamente la distancia de establecimiento de la California recomienda por sí sola la atención y cuidado que su gobernador debe tener para mantenerla en quietud y proporcionarle el debido arreglo, y facilitarle el fomento de que es capaz para que el REY consiga el logro de sus piadosos benignos objetos y sean felices los progresos de la conquista espiritual de las almas. En esta instrucción comprendo cuantos puntos han tenido presentes para establecer un acertado gobierno en partes tan remotas y sufragar a muchas dudas que podían ofrecerse, pero como la experiencia local, la buena conducta y prudencia del ministro deben ser garantes del desempeño y de la confianza que se hace del nuevo gobernador, espero de su celo por el servicio, que teniéndolo por norte de sus operaciones se dedique a observar inviolablemente cuanto prescribo no encontrando gran inconveniente en alguna parte, en cuyo caso podrá suspenderlo y darme cuenta con exposición puntual de los fundamentos o motivos que haya tenido para dictar lo más oportuno, estando siempre en el concepto de que todas mis providencias se dirigen con el objeto de facilitar a aquellos establecimientos la tranquilidad que necesitan y los auxilios de que carezcan.

En cuyo cuidado cumplirá con las piadosas intenciones del REY, merecerá el agrado de S.M. y el hacerse digno de sus Reales piedades.

México 30 de septiembre de 1774.–

El Bo. fr. Dn. Antonio Bucareli y Ursúa.

ANEXO 4

REGLAMENTO PROVISIONAL DE NEVE

A.G.N., *Provincias Internas*, vol. 121, exp. 3, ff. 375-397.

Reglamento provisional para la península de Californias formado por su gobernador, el coronel de caballería don Felipe de Neve en virtud de Superior Orden. Año de 1779.

Reglamento e instrucción provisional para los presidios de la península de Californias, erección de nuevas misiones y fomento del pueblo y extensión de los establecimientos de Monterrey.

Habiendo dignádose S.M. determinar por Real cédula de veinte y uno de marzo de mil setecientos setenta y cinco, se varíe el Reglamento provisional que actualmente gobierna en la península de Californias, para dar el debido cumplimiento a esta soberana resolución se ha advertido ser el medio más conforme adaptar en todo lo posible a las reglas establecidas por el Real reglamento de presidios, el gobierno económico de los de la península y su tropa, variando el pie, paga y manejo de intereses, de un modo que proporcionando con ventaja la fuerza de las guarniciones para las salidas y demás funciones del servicio verifique ahorro a los precedentes gastos que eroga la Real Hacienda, en los presidios de Loreto, San Diego, Monterrey y San Francisco, aumento de oficiales, igualdad y proporción en sus sueldos, los de sargentos, cabos, soldados, cirujano, oficiales mecánicos y pobladores, de suerte que sean los precisos para la subsistencia, responsabilidad y atenciones de cada clase, comprendidos los dependientes del corto Departamento de Marina de Loreto; sínodos que han de continuarse a religiosos misioneros y orden con que deben situarse nuevas reducciones, estableciendo reglas que aseguren el fomento, pueble y extensión de los antiguos y nuevos establecimientos, con cuyo importante objeto, el de asegurar la comunicación y atraer el conocimiento de la verdadera religión la numerosa gentilidad que habita el preciso, estrecho y arreisgado paso del canal de Santa Bárbara, está determinada su ocupación estableciendo en él un presidio y tres misiones con un pueblo que situado en su inmediación pueda abastecer de víveres con la producción de sus siembras dicho presidio y el de San Diego: y respecto de no ser asequible que el inspector de los presidios de frontera reviste los de esta península, por impedirlo la travesía de mar y enormes distancias a que están; se hace inexcusable que el gobernador ejerza las funciones de inspector, como lo he practicado, atendido a ser el gobierno puramente militar y no estar este jefe comprendido como capitán de ninguno de los presidios de su mando, y no siendo posible desempeñe por sí este cargo como está ordenado, siendo de la superior aprobación se creará un ayudante, que bajo su dirección y órdenes, reviste los presidios a que se le destine, cele la uniformidad de servicio, disciplina y subordinación de la tropa como la más puntual observancia de cuanto está prevenido en el citado Real Reglamento con única variación que advierten los títulos siguientes:

Título primero

1. No permitiendo el presente estado de la península variar el orden establecido de transportar de Nueva España, de cuenta y riesgo de la Real Hacienda, las ropas, efectos, víveres y caballerías para la subsistencia y entretenimiento de la tropa, pobladores y demás dependientes de los presidios, deberá seguir esta práctica, remitiéndose por el factor de la península y comisarios de San Blas, lo correspondiente a las memorias que han de pasarse anualmente por el gobernador al excelentísimo señor Virrey para que se digne determinar su compra y remisión, exceptuado el presidio de Loreto, cuya considerable distancia, no permite la dirección de sus memorias en tiempo oportuno, por lo que en derechura se pasan a Su Excelencia por el Capitán.

2. Los víveres, vestuario, armamento, montura, ropas, caballerías y demás efectos que se remitan de México, San Blas o Sonora, han de recibirse y distribuirse a la tropa sobre los precios en que resulten de primer compra, bajo cuya consideración van reglados los sueldos: consiguientemente no han de tener otra inversión que la del pago de los individuos que la gozan y comprenderá este reglamento.

3. Así como al presente está al cuidado del comisario de Loreto y guarda-alamacenes de los restantes presidios el pago de la tropa y dependientes de ellos, como el recibo de las respectivas memorias y su distribución, correrá en lo sucesivo con inspección del capitán de Loreto y de el comandante en los presidios de los nuevos establecimientos a cargo del habilitado que ha de nombrarse entre los subalternos de la compañía bajo las reglas que se expresan adelante.

4. El pago de situados ha de continuarse en la Real Caja de México, en el mismo orden que se practica, haciéndose entrega al factor de la península en virtud del superior decreto del Excelentísimo señor Virrey de la cantidad que se regula suficiente a habilitar las memorias de géneros y efectos, en que se incluirá el tanto que ha de remitirse en pesos a cada presidio, acreditántose asímismo al comisario del departamento de San Blas, el caudal necesario para la compra de víveres y efectos de ración, como lo demás que por factura de dicho comisario se remita, conforme a las memorias y respecto que la citada entrega y compras, se ejecutan en los últimos meses del año y se verifica el recibo en los presidios en mayo o junio del siguiente, no deberá variar el método establecido, de aviar la tropa, con arreglo a el alcance que a cada individuo se deduzca por su ajuste del año anterior, suministrándose entre año las raciones, y demás gastos inexcusables que ocurren al soldado o su familia, por cuya razón se excusa la asistencia con dos reales diarios a cabos y soldados; resultando satisfacer la Real Hacienda los situados en fines del año en que se vencen y pagarse la tropa a mediados del subsecuente, con cuyo conocimiento y prudente regulación del importe de los víveres, vestuario, armamento, montura, ropas, efectos y caudal que necesiten las compañías, contando con el total a que asciende el situado y que han de satisfacerse en pesos los sueldos de oficiales y cirujano, verificado el descuento de lo que entre año reciban, como los alcances que aviada la tropa les resulte, formarán los habilitados las memorias, teniendo presente para su dedución los rezagos que existan ya sean dimanados de la entrega que ha de hacérseles o por sobrantes de uno a otro año e igualmente que el dinero que se pida no ha de exceder, por ahora a la cuarta parte del situado, excluido el sueldo del gobernador y

ayudante (si se crea este empleo) que han de percibirlo separadamente como les convenga.

5. Como los precios de ropas y efectos están sujetos a alteraciones siempre que por esta razón o la de ascender la memoria a mayor cantidad de la que corresponda a las dos cuartas partes del situado no pueda verificarse el surtimiento, se suplirá la falta de la cuarta parte que ha de remitirse en pesos y respecto de que la restante cuarta se regula para costear los víveres y efectos que comprenda la memoria de San Blas, en cuanto no alcance, se suplirá en los términos dichos.

6. Siempre que adelantadas las siembras, cosechas y esquilmos, en los nuevos establecimientos puedan proveerse los presidios en el todo o parte de los víveres que necesiten, en tal caso se pedirá por los habilitados la cantidad de esos que corresponda a su compra a más de la que queda señalada bajará su equivalente en semillas en la memoria de San Blas y proporcionalmente de la consignación hecha en pesos para su surtimiento.

7. La suma dificultad y pérdidas que ofrece el transporte y conducción de caballerías, desde Sonora a esta península, obliga a mantener con tres o cuatro cada soldado y a que exista de cuenta de la Real Hacienda, en cada presidio, una recua de veinte y cuatro a treinta mulas, para la conducción de la carga de las embarcaciones, proveer de víveres las escoltas y socorrer el presidio, que por pérdida, arribada o considerable retardo de un barco falten las semillas y efectos de primera necesidad y subsistiendo dichos motivos, el de la conducción de raciones a los pobladores del nuevo pueblo de San José de Guadalupe, la que ha de hacerse al pueblo que está determinado fundar y las demás faenas que han de ocurrir para el establecimiento de presidio y misiones en el canal de Santa Bárbara a que en el primer año ha de conducirse por tierra todo bastimento y demás preciso

para su subsistencia a que se agrega deberse acarrear en lo sucesivo los frutos de los pueblos para proveer los presidios; no siendo verificable poner esta tropa en el pie de caballerías que está la de frontera hasta tanto que aumentada la cría de caballada en la península se facilite. Es conforme que completándose las recuas de Loreto y San Francisco al número de veinte y cuatro mulas cada una, con su correspondiente apero y de treinta mulas la de San Diego, se surta de otras treinta el presidio que ha de situarse en el canal igualmente aviadas, todo de cuenta de la Real Hacienda, quedando su conservación y reemplazo de las que mueran o se inutilicen, como el reparto y entretenimiento de aparejos y demás perteneciente, como el pago de un arriero en cada presidio de cargo del fondo de gratificación, como gasto general en lo sucesivo y en el caso, de que por las otras atenciones a que está destinado no alcance a cubrir este gasto, sea la falta de cuenta del común de las compañías que en todo tiempo han de responder de la existencia de dichas recuas comprendida la de Monterrey que en el día existe en cuarenta mulas de carga.

8. Siendo inexcusable mantener los oficios de carpintería y herrería a estas recientes adquisiciones de Monterrey, quedarán con los sueldos que se les consignan, los dos maestros, el carpintero y tres herreros que actualmente existen y este gasto se comprenderá como parte del situado de Monterrey y San Diego, en que están destinados, siendo éste el único que por esta razón ha de impender la Real Hacienda, pues quedando a beneficio de estos establecimientos todos los útiles y herramientas correspondientes a dichos oficios y a el de albañil que sean existentes en la entrega que ha de formalizarse a los habilitados, ha de costearse su conservación y reparo del producto de las composiciones y obras que se hagan a particulares, aplicándose el sobrante

que resulte a el pago de ración, de cuatro aprendices que han de solicitarse para dichos oficios a cuyo efecto a de llevarse la correspondiente cuenta, debiendo entender interina la conservación de los referidos oficios y respectivo gasto de la Real Hacienda.

Título segundo

Pie pago y gratificación de las compañías y dependientes de presidios y Departamento de Marina de Loreto. Puestos que cubre la tropa y distancias a que están situados.

1. La compañía del presidio de Loreto, cabeza de la Antigua California, consta y ha de permanecer en el pie de capitán, teniente, alférez y cuarenta y cuatro plazas inclusos dos sargentos y tres cabos, con que debe conservar el pequeño destacamiento de un sargento y seis soldados en el real de Santa Anna del Sur, distante cien leguas del presidio, cubre, con un oficial subalterno, dos cabos y veinte y tres soldados las tres misiones de la frontera al norte cuyo intervalo se regula de doscientas ochenta leguas de la última a Loreto, donde ha de continuar la existencia del capitán, un oficial subalterno, que ha de ser el habilitado, un sargento un cabo y diez soldados: dista del siguiente 350 leguas.

2. El de San Diego constará de teniente, alférez y cincuenta y dos plazas incluso un sargento y cinco cabos, aumentándose al pie actual, el empleo de alférez, debe cubrir las tres misiones de su distrito, con un cabo y cinco soldados cada una y verificada la fundación del nuevo pueblo, pondrá en él una salvaguardia de cuatro soldados, que sólo permanecerá los dos primeros años con lo que queda reducida la Guarnición a un teniente, un alférez y treinta plazas inclusos un sargento y dos

cabos, con que ha de atender a las salidas y demás funciones del servicio. Regúlanse al que sigue 170 leguas.

3. El de San Carlos de Monterrey constará de las mismas plazas que el antecedente, proveyéndose a la compañía los empleos de teniente y alférez, quedarán suprimidas tres plazas sencillas de su actual pie, deben continuar las escoltas de un cabo y cinco soldados, en cada una de las tres misiones de su pertenencia, tiene empleados cuatro soldados en el pueblo de San José y quedarán existentes en la guarnición para las funciones del servicio un teniente, un alférez, un sargento, dos cabos y veinte y siete soldados; se halla cuarenta y dos leguas del que sigue.

4. El de San Francisco constará de teniente, alférez y treinta y una plaza inclusos un sargento y cuatro cabos, se aumenta a su actual pie, el empleo de alférez y se le suprimen tres plazas sencillas, debe cubrir con dos cabos y diez soldados las dos misiones de su término y le resultarán para el servicio del presidio y salidas un teniente, alférez y diez y nueve plazas inclusos un sargento y dos cabos.

5. El canal de Santa Bárbara se halla a setenta y cuatro leguas del presidio de San Diego y setenta del de Monterrey, se dilata entre la costa y sierra de la Cieneguilla como veinte y seis leguas, siendo media a tres cuartos, su mayor anchura es lleno de altas lomerías, barrancos y quiebras profundas, cuyo preciso paso en que se regulan de ocho a diez gentiles los que pueblan veinte y una rancherías numerosas, que a cortas distancias están situadas en las alturas y puntas contiguas a la playa; a cuya inmediación bien sea por ella o por la altura dirige el camino real lo que evidencia el riesgo a que pasan expuestas las pequeñas partidas que le giran y que si algún incidente pone de mala fe o declara enemiga aquella gentilidad, quedaría cortada la comunicación de

los antiguos y nuevos establecimientos, cuyos urgentes motivos han fundado la determinación de ocupar este paso, en la forma siguiente.

6. El presidio que ha de situarse en el centro del canal constará su compañía de teniente, alférez, y veinte y nueve plazas, inclusos un sargento y dos cabos; ha de establecerse a su abrigo una reducción que en adelante variará su posición a el paraje inmediato que proporcione más tierras y suficiente agua para el beneficio de labores y entonces ha de dársele de la guarnición la escolta de un cabo y cinco soldados: deben fundarse a los extremos de dicho canal para su perfecta ocupación, otras dos reducciones y guarnecerse con un sargento y catorce soldados cada una; se considerarán dichas plazas como supernumerarias a la compañía del presidio ínterin se aseguran estos establecimientos con la paz y buena admisión de la gentilidad, conseguido con los rápidos progresos que deben esperarse en la espiritual conquista, se reducirán proporcionalmente hasta que queden en la regular escolta de un cabo y cinco soldados, cada una; los sargentos se incorporarán de aumento a las compañías de San Diego y Monterrey y las diez y seis plazas restantes, se destinarán a guarnecer otras reducciones que se determine fundar, en cuyo caso se agregarán a las compañías más inmediatas de los sitios en que se verifique.

7. El situado anual del presidio de Loreto, será doce mil quinientos veinte y dos pesos cuatro reales a que agregados mil novecientos noventa y seis pesos a que asciende el correspondiente al Departamento de Marina, que por suplir han de acreditarse anualmente al situado del presidio, importa catorce mil quinientos diez y ocho pesos cuatro reales, distribuidos en esta forma.

Queda suprimida por este reglamento la tripulación de la lancha San Juan Nepomuceno, cuyo buque ha de conservarse listo para armarle siempre que por grave mo-

	Pesos	*Reales*
Sueldo anual de capitán	1,500	
Del teniente	550	
Del alférez	400	
De cada uno de los dos sargentos, doscientos sesenta y dos pesos cuatro reales	525	
De cada uno de los tres cabos, doscientos y veinte y cinco	675	
De cada una de las treinta y nueve plazas de soldados doscientos diez y siete pesos cuatro reales	8,482	4
Por la gratificación de diez pesos anuales por plaza sencilla	390	
Total del presidio	*12,522*	*4*

Departamento de Marina del referido presidio

Sueldo de un carpintero de ribera al año	132	
De un herrero	120	
De un calafate	120	

Tripulación de la balandra el Pilar

Sueldo anual del patrón	120	
Del guardián	84	
De ocho marineros a setenta y dos pesos cada uno	576	

Tripulación de la lancha Lauretana

Su arraes al año	084	

De ocho marineros a sesenta pesos cada uno	360	
Por gasto anual de carenas recorridas y arboladuras de una balandra y dos lanchas se regulan	400	
Total situado del presidio y departamento	*14,518*	*4*

tivo y por sólo el término que dure la urgencia sean precisas las tres embarcaciones y a este efecto quedará el actual arraes de guardián de la balandra.

El situado anual del presidio de San Diego será de trece mil ciento sesenta y dos pesos cuatro reales distribuidos en el orden siguiente:

	Pesos	*Reales*
Sueldo anual del teniente	550	
Del alférez	400	
Del sargento	262	4
De cada uno de los cinco cabos dosciento veinte y cinco pesos	1,125	
De cada una de las cuarenta y seis plazas de soldados doscientos diez y siete pesos cuatro reales	10,005	
Por la gratificación de diez pesos anuales por plaza sencilla	460	
	12.802	4
Un carpintero al año	180	
Un herrero ídem	180	
Total	*13,162*	*4*

El situado anual del presidio que ha de establecerse en el canal de Santa Bárbara, será de siete mil quiniëntos setenta y siete pesos cuatro reales a que agregados seis mil ochocientos noventa y cinco pesos que importa el correspondiente a las dos escoltas de misiones, que han de proveerse interinamente asciende a catorce mil cuatrocientos setenta y dos pesos cuatro reales distribuidos así.

	Pesos	*Reales*
Sueldo anual del teniente	550	
Del alférez	400	
Del sargento	262	4
De cada uno de los dos cabos doscientos veinte y cinco pesos	450	
De cada una de las veinte y seis plazas de soldados a doscientos diez y siete pesos cuatro rs.	5 655	
Por la gratificación del fondo común a diez pesos por plaza	260	
	7 577	4
Escoltas		
De cada uno de los dos sargentos doscientos sesenta y dos pesos cuatro reales	525	
De cada una de las veinte y ocho plazas de soldado doscientos diez y siete pesos cuatro reales	6 090	
Por la gratificación del fondo común a diez pesos por plaza	280	
Total	*14 472*	*4*

El situado anual del presidio de San Carlos de Monterrey será de diez y siete mil setecientos noventa y dos pesos cuatro reales distribuidos de este modo.

	Pesos	Reales
Sueldo anual del gobernador	4,000	
Del teniente	550	
Del alférez	400	
Del cirujano	450	
Prest del sargento	262	4
De cada uno de los cinco cabos doscientos veinte y cinco pesos	1,125	
De cada una de las cuarenta y seis plazas de soldado doscientos diez y siete pesos cuatro reales	10,005	
Por la gratificación de el fondo común a diez pesos por plaza	460	
	17,252	4
Un carpintero al año	180	
Dos herreros con ciento ochenta pesos cada uno	360	
Total	*17,792*	*4*

El situado anual del presidio de San Francisco será de ocho mil veinte y siete pesos cuatro reales distribuidos en esta forma.

	Pesos	Reales
Sueldo anual del teniente	550	
Del alférez	400	

Prest del sargento	262	4
De cada uno de los cuatro cabos doscientos veinte y cinco pesos	900	
De cada una de las veinte y seis plazas de soldado doscientos diez y siete pesos cuatro reales	5,655	
Por la gratificación del fondo común a diez pesos anuales por plaza	260	
Total	*8,027*	*4*

Un Poblador en cada uno de los dos primeros años por sueldo y ración.	116	3 1/2
Por la ración en cada uno de los tres años siguientes que le están concedidas	60	

Título tercero

Vestuario

1. Así como se han comprendido en las memorias anuales las ropas y efectos correspondientes a uniformar la tropa de estos presidios, siguiéndose al soldado considerable atraso ya por excedente lo que para vestuario se le ha suministrado o por que faltando sastres para la construcción permanecen tiempo con falta de las precisas prendas e inutilizan el género, errando su corte, deberán los habilitados pedir en lo sucesivo el vestuario correspondiente a sus compañías hecho a proporción de tallas, individuando las prendas o vestidos pertenecientes a cada una; y como quiera que el todo del vestuario ha de ser conforme a lo prevenido por el Real Reglamento así co-

mo su distribución, se tendrá presente, que, no bastando para la continua fatiga de este servicio un par de calzones y algunos la chupa para la duración de un año, ha de pedirse el aumento de estas prendas que se regule preciso e igualmente que siendo embarazosa la cartuchera de madera y dobles cañones deben hacerse de una hilera con veinte y cuatro cañones de hoja lata que forrados de baqueta fijen unidos en la correa que ha de ceñir el cuerpo y a cuyo efecto ha de ser de vara y media de largo, con el correspondiente ancho; la cañonera ha de cubrirla una cartera de baqueta suave, dará principio a seis dedos de la hebilla que será de latón lisa con dos clavillos y dos pequeñas bolsas en los extremos de dicha cañonera, la una con un pequeño polvorín de hoja de lata.

Título cuarto

Armamento y montura

1. Ha de ser en todo igual a lo prevenido por el Real Reglamento y no siendo asequible poner la tropa de esta península en el pie de ocho caballerías cada soldado, por la dificultad de su transporte y conducción, se mantendrán con las más que se pueda, ínterin que fomentada la cría en los nuevos establecimientos sea suficiente a la remonta de todos los presidios.

2. Respecto de mantenerse la caballería a la inmediación de los presidios a los que se trae diaramente mañana y tarde, no estando expuesta la tierra a rebatos de enemigos y que una pronta salida no se demora por la unión y cuidado con que se conserva, no se variará la práctica establecida de tener cuatro caballos de día y ocho de noche atados en el presidio, cuyo número se aumentará siempre que se advierta motivo que obligue a ello.

Título quinto

Distribución de caudales y orden con que han de llevarse las cuentas generales y particulares por el habilitado.

1. Supuesto que ha de asistirse entre año la tropa por el habilitado en los gastos particulares que ocurran a sus individuos y familias que por no haber comercio en la península forzosamente han de impenderlos en los respectivos almacenes se excusa socorrer diariamente a cabos y soldados con dos reales diarios como se practica en los presidios de frontera, bien que de ocurrir algún urgente motivo al que se halle con suficiente alcance y en el buen estado que corresponde, con conocimiento y orden del capitán o comandante de la compañía podrán anticipársele veinte o treinta pesos, pero por ningún caso se hará a el que no esté en el estado y alcance expresado, de que será responsable el comandante.

2. Atendido que el cobro del situado de estos presidios se hace en fines del año, como queda expuesto y que el avío y pago de la tropa no se efectúa hasta mediado del siguiente, por cuyo medio en cualquier tiempo que se verifique la salida del soldado, supuesto el gobierno económico que ha de seguirse, se hallará con suficiente alcance a más del calro [?] de armamento y caballerías, sólo se retendrán a cabos y soldados cincuenta pesos de fondo que han de descontarse en los cuatro primeros años para los fines que expresa el título 4o. artículo dos del Real Reglamento.

3. De los descuentos que anualmente se verifiquen para el fondo de alcances de la compañía ha de hacerse por el habilitado la correspondiente entrada en caja, con lista que individue los nombres de cabos y soldados, cantidad retenida a cada individuo y total caudal a que as-

cienda a quien para su resguardo se firmará un tanto de dicha lista con expe-ción [sic] de quedar depositada en caja, la cantidad de su importe por el depositario que ha de reputarse como tal, el capitán en Loreto y el segundo oficial que no ejerza la habilitación en los restantes presidios; el segundo y siguientes años se hará la introducción del caudal perteneciente a este fondo, con su respectivo ajuste, formándose el cargo de la existencia de fin del año anterior y monto de los descuentos del presente, se manifestarán los pagos hechos en él y el total en que queda dicho fondo.

4. El ajuste de la cuenta del año verificados los descuentos antecedentes y el de dos por ciento que ha de percibir el habilitado, ha de hacerse con intervención del capitán o segundos oficiales expresados en el antecedente artículo y del interesado o sujeto que nombre para que la examine, abonando en dinero de contado a cada uno lo que devengue en el mismo orden que advierte el Real Reglamento.

5. El fondo de gratificación del presidio, a razón de de diez pesos por plaza sencilla, tiene por objeto, a más de los gastos generales, anticipar el coste de la ración con que ha de asistirse a los indios prisioneros o a los que se presenten a tratar de treguas y anticipar la habilitación de los reclutas, bajo las precisas reglas prevenidas en el artículo quinto de este título en el Real Reglamento, el costo que ocasione el salario de un arriero reparo y entretenimiento de aparejos y demás avíos y el remplazo de mulas de recua que murieran o se inutilicen en cada presidio, quedando responsable el común de la compañía (según queda advertido) del trato que no alcance a cubrir el fondo, prorrateándose el descubierto que resulte proporcionalmente, comprendidos oficiales, atendido a que quedan las recuas destinadas a beneficio de las compañías y consiguientemente han de responder

de su existencia en todo tiempo y por ningún caso hacerse cargo a la Real Hacienda, de lo que puedan exceder los gastos de ésta y demás atenciones a que está aplicado el fondo.

6. Su cuenta ha de llevarse por el habilitado intervenida por los demás oficiales del presidio con la mayor exactitud y justificación: anualmente se introducirá en caja con el caudal correspondiente a este fondo su respectivo ajuste con los documentos que comprueben la legitimidad de sus gastos, que han de hacerse de acuerdo y determinacaión de los oficiales de la compañía, los que sean inexcusables y no permitan la demora de consultar al gobernador y esperar su resolución, lo que precisamente ha de observarse en todos los que no sean ejecutivos, como dar cuenta de los que por serlo se hubiesen practicado, sin embargo de que ha de examinar en las revistas su bueno y legal gobierno para dar cuenta anualmente de las existencias y gastos juntamente con lo demás relativo al estado de cada presidio y compañía al señor comandante general.

7. Las cuentas generales han de llevarse en un libro que se intitulará de caja, su primer partida de cargo será la cantidad que resultó existente por la entrega o cuenta anterior en ropas, efectos, víveres, reales o caballerías, seguirán las del valor de las memorias que se reciban de México y San Blas; el total de alcances de la compañía y dependientes del presidio y el importe producido de potros, reses y demás ganados, que en el año se hubiesen distribuido a la tropa, cuyas partidas han de ser las últimas de cargo, así en esta cuenta como en las particulares: Los referidos cargos han de comprobarse con el inventario de entrega, en el primer año y en los siguientes con el inventario de existencias que ha de formalizarse en fin de cada año (con intervención de los oficiales del presidio) y su respectiva cuenta, las facturas origina-

les de México y San Blas, con copias de los correspondientes recibos dados por el habilitado, los particulares ajustes y cuentas de compañía y dependientes del presidio; y los documentos que justifiquen las entradas pertenecientes a la Real Hacienda que han de hacerse por lo respectivo a ganados en cuenta separada: Las partidas de data son y han de calificarse, el pago de prest y sueldos con los ajustes y cuentas particulares de tropa y dependientes del presidio; La introducción en caja del caudal correspondiente a la gratificación común y retención hecha a cabos y soldados hasta verificar el fondo de alcance prevenido; con sus respectivos ajustes: Las deudas de individuos de la tropa y dependientes del presidio, por sus cuentas: Y el monto de las existencias de fin del año se justificarán por su inventario, con lo que deduciendo del total de data el de cargo se demostrará la igualdad, alcance o descubierto que resulte.

8. Los ajustes y cuentas particulares de oficiales, cirujano, sargento, cabos, soldados y dependientes se llevarán en un cuaderno que anualmente ha de formarse a este efecto, dará principio con índice que exprese los nombres y folio, en que se halle la cuenta de cada uno, que encabezada con su empleo y nombre se hará el asiento de la partida que le resultó el año anterior de alcance o débito, que se sacará al margen y rayará para seguir las suministraciones que en el presente se le hagan: las partidas han de instruirse con la cantidad, calidad, precio y total valor del efecto notando al contramargen el mes y día de su dación, que ha de ser reglada en precios a los que consten de las originales facturas o exprese el arancel que ha de formarse; en fin de diciembre se cerrarán las cuentas deduciendo del total de distribución y débitos, el de haber, se manifestará el alcance que resulte, cuya satisfacción ha de notarse a presencia del interesado, según queda prevenido.

Título sexto

Suministración de las prendas de vestir y otras necesarias al avío de las familias de la tropa

1. No siendo combinable en estos presidios sujetar el surtimiento de sus memorias a las listas que previene el Real Reglamento, den los individuos de la tropa de las ropas y efectos que necesiten para su avío y el de sus familias así por la intermisión de un año o más en que ha de verificarse su recibo, como por que no habiendo otro medio para surtirse el soldado o proveerle que el de la remesa general se seguiría falta de los renglones precisos, pues ansiosos de percibir el sobrante de su haber en dinero lo preferiría al forzoso entretenimiento de su mujer, hijos y demás familia, por lo que es indispensable variar esta práctica en estos presidios y que sólo den dichas listas los oficiales, cirujano y sargentos. Reglándose para la formación de memorias a lo prevenido en el artículo 4o. título 1o. de este reglamento.

2. Pudiendo verificarse que alguno de los géneros o efectos que se remitan por el factor no sean absolutamente de recibo, justificado y no siendo causado el deterioro por avería padecida en su transporte, se le hará cargo en primer ocasión y de ser posible con la misma embarcación que lo haya conducido.

3. Siendo inevitables las mermas que padecen las semillas y efectos de ración después de su recibo principalmente el maíz que comúnmente se desembarca agorgojado, la manteca y panocha que derrite y reviene el calor de las bodegas y el segundo efecto permanece revenido y aún llega a derretir las frecuentes nieblas y humedad de este temperamento a que se agrega la diferencia y desperdicio que ofrece la distribución por menor y la que causa la conducción de dichos efectos

víveres y miniestras para la subsistencia de la tropa empleada en escoltas, no debiendo reportar el habilitado estas pérdidas, ni menos las que ofrecen los géneros cuyos aneages [sic] no corresponden con su respectivo bareo; siendo conforme sufra estas quiebras el común, para proceder con la justificación que corresponde no se le siga agravio y quede indemnizado el habilitado, se observará que precediendo nombramiento que harán los cabos y soldados de la compañía de dos apoderados en los mismos términos que se prevendrá en el capítulo 9o. del título 13 a su presencia y de los oficiales se haga tanteo de una, dos o tres piezas de cada género, variándolas por distintas manos y descubierta la falta que resulte y número de varas que produzcan se deducirá por el valor que señale la factura a las piezas cotejadas, el precio de cada vara a el que ha de reglarse el dispendio de las restantes de su calidad y practicando lo mismo con todos los demás efectos que ofrezcan diferencia se notarán todas las que se reconozcan en el mismo acto y firmadas por los oficiales y apoderados será el arancel que fije los precios de distribución a los géneros y efectos que ofrezcan merma y para cubrir las de semillas y efectos de ración se aumentará un real al precio de cada fanega de maíz, frijol, garbanzo y lenteja un real a cada arroba de manteca y arroz y dos reales la arroba de panocha con lo que quedarán de cargo del habilitado las mermas y diferencias prevenidas como las que resulten por descuido en la colocación y resguardo de cuanto se fíe a su cuidado.

Título séptimo

Pólvora

1. Ha de observarse puntualmente lo prevenido en

los artículos primero, segundo, tercero y quinto de este título en el Real Reglamento, diferenciando el cuarto, en que el repuesto de pólvora y balas existente en cada presidio ha de ser correspondiente a diez y seis libras por plaza, atendida la dificultad y riesgos que ofrece la conducción desde México donde ha de proveerse la falta que resultare justificada en la cuenta particular que se ha de llevar de los consumos, que aprobada por el gobernador y a su pedimento se suplirá por la factoría de dicha capital, dignándose determinarlo el Excmo. Sor. Virrey.

Título octavo

Provisión de empleos

1. Bajo las reglas establecidas por el Real Reglamento en este título siempre que vacare la compañía del presidio de Loreto, tenencia o subtenencia de los restantes de la península propondrá el gobernador los referidos empleos, dirigiendo las propuestas al Sor. Comandante General.

2. Para la provisión de teniente y alférez de la compañía de Loreto, propondrá el capitán tres sujetos, en que concurran las calidades que corresponden y estén en actual servicio, pasando la propuesta al gobernador y éste al Sor. Comandante General, con su aprobación o notas.

3. Para el reemplazo de plazas vacantes de sargentos hará el capitán igual propuesta, como los tenientes de los restantes presidios, en que no hay capitán (y han de ejercer sus funciones en esta parte y demás relativo a las obligaciones de dicho empleo, como comandantes de la compañía) entre los que se hayan distinguido más por su conducta y valor, cuidando en cuanto sea posible de que sepan leer y escribir y el gobernador aprobará el que le

parezca conveniente: las plazas de cabos los nombrará por sí el capitán y tenientes comandantes de presidio, con la diferencia que éstos han de pasar el nombramiento para su aprobación al gobernador.

Título noveno

Revistas mensuales

1. El comandante de cada presidio pasará mensualmente revista a la compañía y formará un extracto, con expresión de los nombres de oficiales, sargentos, cabos, soldados, cirujano y dependientes, a los que se hallasen presentes pondrá al margen una P., a los empleados el destino y los empleos o plazas vacantes se indicará con una V. Los reemplazos de las vacantes del mes anterior se justificarán por nota en dicho extracto, si fuesen de empleo de oficial, con expresión de la fecha del cúmplase del Sor. Comandante General y certificación firmada de todos los oficiales, del día en que se le dio posesión, si de capellán, sargento o cabo, con este último documento; y si de soldado, copiando la partida de asiento que ha de ponerse en el Libro Maestro y el papel del tiempo de diez años que ha de darse a todos a su entrada.

2. Para justificar las salidas sólo variará de lo prevenido por el Real Reglamento, en este título en las que se verifiquen por retiro de soldados, respecto a que no permitiendo la suma distancia de esta península, lo verifiquen los más, hasta el regreso de las embarcaciones que arriban a los puertos con el situado y de cuya tripulación se solicitan los reemplazos, por ser el medio que se proporciona en estos presidios, consiguientemente ha de obligar dicho motivo anticipar a las revistas las licencias de cumplidos o que por otra razón convenga separar de las compañías; por lo que se observará, que precediendo

la licencia del gobernador se exprese en el extracto su fecha y certifiquen los oficiales el día en que se verifique el retiro, exceptuadas las ocasiones en que se halle presente el gobernador.

3. Debiendo acreditarse, como su plus a el situado del presidio de Loreto el correspondiente a su pequeño Departamento de Marina, se incluirán sus individuos en los extractos de revista, mensualmente con distinción y a continuación de la compañía, observando con ellos respectivamente las formalidades que quedan prevenidas para el asiento de sus plazas en el Libro maestro y justificar las vacantes y reemplazos de soldados a diferencia que el capitán podrá por sí licenciar a los marineros, según convenga al servicio.

4. Las revistas han de pasarse en todos los presidios del primero al cuarto día de cada mes y quedando en cada uno el extracto original se sacarán dos copias con las mismas formalidades, las que han de remitirse en primer ocasión de Loreto y San Diego, y mensualmente de los demás presidios.

Título décimo

Trato con los indios enemigos o indiferentes

1. Hallándose en paz y tranquilidad esta península y su numerosa gentilidad, mediante los moderados castigos practicados con los que en distintas partes y tiempos se inquietaron causando hostilidades y muertes, junto con el buen trato, humanidad, dulzura y libertad, que experimentaron los prisioneros permanecen amigos, conservándose libre la comunicación de los presidios y demás establecimientos, no deberán alterarse las reglas que anteriormente se ordenaron, conforme a las que prefine el Real Reglamento en este título que ha de cumplirse

exactamente en todas sus partes, según los dicte la variación y casos que puedan ocurrir.

Título once

Funciones del gobernador como inspector de los presidios de la península

1. Han de ser conformes por lo respectivo a los presidios del gobierno, a las que ejerce el inspector comandante de los presidios de frontera, según y como está ordenado en el título doce del Real Reglamento, con la única variación de deber revistarse el de Loreto cada segundo año por la enorme distancia y áspero camino que intermedia, para cuyo efecto y el de que anualmente se revisten los restante, con consideración de que ha de desempeñar juntamente las demás atenciones del gobierno se le destinará un ayudante que ha de tener el grado de capitán y atendidos los gastos y continuos viajes que ha de hacer para las revistas y demás a que se le comisione, siendo aprobada su creación le regulo acreedor a el sueldo anual de dos mil pesos.

Título doce

Funciones y facultades del capitán y demás oficiales, sargentos, cabos y soldados

1. Han de ser en todo iguales a las que a cada clase prefine el título trece del Real Reglamento, con la variación que queda prevenida por lo respectivo a tenientes comandantes de las compañías y presidios en los nuevos establecimientos.

Título trece

Obligaciones, nombramientos e instrucción de habilitados

1. La primera obligación del oficial habilitado es la de acreditar el acierto de la elección y confianza que de él hace su compañía, fiándole el manejo, custodia y distribución de sus intereses, procediendo en todo con la limpieza y honor que es inseparable de su profesión.

2. Llevará las cuentas generales de cargo y data con la mayor claridad, justificación y orden que queda prevenido, para que al cabo del año examinadas y aprobadas por el capitán en el presidio de Loreto e intervenidas por los oficiales que no ejerzan la habilitación en los demás presidios que no tienen capitán, se aprueben igualmente por el gobernador.

3. También llevará con las mismas circunstancias y ordenación advertida la cuenta particular de cada individuo, enterándose con frecuencia de las de soldados para sujetar las distribuciones que en el avío general y entre año se les haga al alcance de cada uno, de modo que exceptuados los reclutas, ninguno ha de percibir cantidad que no tenga devengada, prefiriendo en su dasión las prendas de vestuario, armamento, montura y caballerías que necesite y han de constar por las revistas semanarias que han de pasarse.

4. Siempre que muera o se licencie algún soldado, supuesta la urgencia de comprar sus caballerías y armamento para aviar al recluta que lo reemplace o completar las faltas que tengan otros, precediendo su justa tasación que han de intervenir los herederos si se hallasen presentes, las tomará el habilitado y las distribuirá (conforme a la orden que le comunique el comandante de la com-

pañía) sobre los mismos precios en que las reciba, practicando lo mismo en caso de tomarlas por el fondo para reintegrarle por deuda del difunto, cumplido o licenciado.

5. Bajo la prohibición y pena que previene el artículo séptimo, título catorce del Real Reglamento no podrán los habilitados cargar al soldado en las suministraciones de víveres, vestuario y demás efectos más de lo que resulte en las respectivas facturas por primer coste, con el único aumento que exprese el arancel y se deduzca por la operación prevenida en el artículo cuarto, título sexto de este reglamento, quedando igualmente comprendido en la pena señalada en dicho título si incurriese en quiebra culpable o extravío de caudales.

6. Seguirán correspondencia con el factor de la península y comisario de San Blas por quienes se les dirigirán en derechura las correspondientes remesas, facturas y conocimientos y será a el cuidado del factor solicitar los ajustes que anualmente han de normalizarse; por oficiales reales de la Caja de México con arreglo a los extractos de revista a cada presidio, los que dirigirá a los habilitados, que ha de archivarlos con los extractos originales y servirles de gobierno de lo que a buena cuenta pueda resultar percibido de uno a otro año o alcance que quedó.

7. Siendo por ahora inexcusable se transporten de Sonora caballos y mulas para mantener en estado de servicio las compañías de estos presidios, precediendo la correspondiente superior orden, deberá anticiparse el caudal preciso para su compra y verificado el arribo y distribución de caballerías, según las que a cada compañía se destinen, con arreglo a su número y calidad y precio de primer compra, formarán los habilitados sus recibos que han de pasar al gobernador para que por su mano se dirijan a oficiales reales de la Caja de México

para que se formalice el debido cargo, en inteligencia que las bestias que mueran se pierdan o inutilicen, después de la entrega en la península ha de cargarse prorrateada su importe en las restantes y sobre los precios que resulten han de distribuirse.

8. Sin embargo que estos habilitados no han de hacer salidas para surtir la provisión de víveres, ropas y demás efectos, siendo ligados a los gastos, responsabilidad y cuidado de los repuestos y su distribución por menor, llevar las cuentas generales y particulares de tropa y dependientes del presidio, deberán descontar al capitán, oficiales, cirujano, sargento, cabos, soldados y dependientes dos por ciento por las agencias y gastos que le ocasiona su comisión.

9. Cuando se hubiere de nombrar habilitado en el presidio de Loreto, respecto de no haber en él capellán (ni en los restantes de la península) suplirá la falta de este voto un segundo apoderado de la compañía, que en consideración de tener empleadas treinta y dos plazas, de las cuarenta y cuatro de su dotación, en los destacamentos del Real de Santa Anna del sur y frontera del norte, prevendrá el capitán con la anticipación que convenga, que los sargentos, cabos y soldados, juntos en sus respectivos destinos, nombren dos apoderados por la compañía, entre ellos mismos, lo que ejecutado se dirigirán los votos por escrito, de los individuos de cada puesto, en derechura al capitán que hará practicar lo mismo a la tropa existente en el presidio, con asistencia del patrón de la balandra y oficiales de maestranza del Departamento de Marina, que han de votar por sujeto de la compañía y vistos los que resulten nombrados por pluralidad de votos y de hallarse empleados en los destacamentos se relevarán para que se trasladen al presidio, mandando el capitán al oficial destinado en la frontera, remita su voto cerrado e inmediatamente que se verifi-

que, convocará a su casa al oficial subalterno y a los apoderados de la compañía, abierto y visto en el lugar que corresponda el voto del oficial ausente, quedará nombrado uno de los oficiales subalternos y no otro, por habilitado.

10. Si de los cinco votos hubiese dos por uno y tres por el otro, habrán de conformarse los dos que fueron de contrario dictamen y constituirse responsables como si hubiesen votado a su favor.

11. En los presidios de los nuevos establecimientos en que sólo hay dos oficiales subalternos se procederá al nombramiento de dos apoderados, en cada compañía en los mismos términos y anticipación que queda prevenido, lo que efectuado convocará el comandante a el alférez y apoderados para nombrar uno de dichos oficiales y no otro por habilitado; en caso que de los cuatro votos hubiese tres por uno, quedará ejecutada la elección, debiendo conformarse el que fue de contrario dictamen y constituirse responsable como si hubiera votado a su favor: en el caso de resultar dos votos a favor de cada uno, decidirá el gobernador.

12. Luego que esté formalizada la elección se extenderá el nombramiento y poder de que ha de sacarse copia para dar cuenta con ella al gobernador, debiendo cada tres años proceder de nuevo a la nominación de oficial habilitado, bien para reelegir al actual o para nombrar otro.

13. Consiguiente a los referidos primeros nombramientos deberá hacerse entrega a los respectivos habilitados por el comisario del presidio de Loreto y guarda-almacenes de los de San Diego, Monterrey y San Francisco por formales inventarios de todos los géneros, víveres y efectos que existan en los almacenes, con la debida distinción de calidades, medida, peso y valores, sobreprecios de primer compra y gruesa que forme su

total, en que no han de incluirse los efectos que no sean distribuibles a la tropa y dependientes inclusos pobladores, pues de éstos ha de formalizarse separado inventario, señalando con claridad su estado y valor en cuanto sea posible, lo que así practicado quedará en depósito en poder del habilitado, hasta tanto que, dando cuenta con dicho inventario al superior gobierno se determine la salida que deba darse a lo que de esta clase resulte.

14. Debiendo quedar las mulas de recua con todo lo correspondiente a sus aperos como las herramientas de carpintería, herrería y obras materiales a beneficio de los presidios y compañías, que han de responder de su existencia, según queda prevenido, para la debida constancia, se procederá a la entrega de dichos útiles, mulas de carga, aparejos, costalería y demás avíos, precediendo valuación que con la debida expresión del estado, calidad y valor de cada pieza ha de hacerse por los peritos que a este efecto se nombren por el comandante del presidio, que ha de intervenir la entrega y valúo, firmando con los peritos y habilitado, comisario o guarda-almacén, las diligencias que han de acumularse al inventario.

15. Existiendo en el presidio de Monterrey un pie de ganado vacuno que en el día excede de quinientas cabezas, de todas edades, otro de yeguada que igualmente pasa de ciento y setenta cabezas y como doscientas cincuenta de ganado menor de pelo y lana, con algunas burrales y de ganado de cerda: y en el presidio de San Francisco hay ciento veinte y cuatro cabezas de dicho ganado vacuno perteneciente todo a la Real Hacienda, deberán comprenderse en el primer inventario de entrega con distinción de especies y edades en ganado mayor y yeguada, quedando a cargo de los habilitados, que bajo las órdenes del gobernador celarán el pastoreo y cuidado de dichos ganados, su aumento, distribución a pobladores con calidad de pago o reintegro y conservando el

vientre dará salida de potros, toros, novillos, carneros, castrados de pelo, cerdos y demás que por viejo o infecundo deba expenderse, en pie, llevará la cuenta de estos ganados, para dar la cuenta de sus productos y aumento a la Real Hacienda anualmente, como se expresará adelante.

16. El comisario de Loreto y guarda-almacenes de los restantes presidios han de formalizar sus cuentas, de modo que no queden los habilitados sujetos a responder en lo sucesivo al Real Tribunal y Audiencia de Cuentas de resultas de las anteriores, consecuentemente ningún otro documento debe quedar en su poder, que un tanto del último ajuste o cuenta y los inventarios de entrega y ha de hacerse sólo el cargo de cada habilitado y parte de pago de sus respectivos situados la cantidad en que excedan el valor de los enseres distribuibles y cargables a la tropa, dependientes y pobladores y el de sus débitos al total de alcances (vencidos desde el año de mil setecientos setenta y cuatro inclusive hasta el día de la entrega) que han de satisfacer enteramente a los interesados, pero si por el contrario excede la partida de alcances a la de débito y enseres, su residuo será a favor del habilitado en quien se verifique y ha de acreditársele por la Real Caja de México, en el primer ajuste que se le formalice, deducido el aumento respectivo.

17. Como en el transporte de las remesas anuales ocurren y causa el calor de las bodegas de la embarcación y otros incidentes, pérdidas, averías y mermas, principalmente en la manteca, panocha, caldos y semillas, debe verificarse la entrega con entera satisfacción del habilitado, precediendo peso, medida y destara de los citados renglones y demás que convenga y en el caso de resultar averiado, roto o mal acondicionado algún fardo, tercio o cajón para calificar su deterioro, en el todo o parte se procederá a su formal reconocimiento abordo, con

intervención del comandante de la embarcación y el del presidio, confrontando por la factura los géneros o efectos que contenga y efectuado se certificará por dichos oficiales el menoscabo o pérdida que haya causado la avería o algún otro incidente que deberá expresarse y así practicado se desembarcará y recogerá el habilitado dicha certificación, que ha de ponerse por cabeza de las diligencias de tasación, que ha de hacerse en el presidio con intervención del capitán y oficiales subalternos, antecediendo nombramiento de dos peritos (que hará el comandante) que con presencia de los precios de factura y del daño causado, con citación de él y de los géneros o efectos que le tengan, se señalará el justo valor a que queden reducidos y al que sin alteración han de distribuirse y cargarse a la tropa: el habilitado se formará cargo del líquido valor en que quedan los géneros y efectos averiados, como de los que no lo sean, según resulte de las diligencias de que dejando copia certificada por los oficiales en el presidio se remitirán los originales por el habilitado al factor para que por ellas compruebe y se acredite la pérdida.

18. Para evitar la confusión con que se hace la entrega y medida del maíz y frijol en las bodegas o pañoles de la embarcación, en la que forzosamente ha de seguirse en menoscabo al que entrega, midiéndose bien por recalcar los balances la semilla en la medida o al que recibe, por medirse mal o derramarse al tiempo de vaciar la medida en los costales, por la prisa e incomodidad con que se ejecuta y a que atribuyen los guarda-almacenes mucha parte de mermas para excusar en lo sucesivo dichos inconvenientes se hará la medición de granos en tierra, bien sea en la playa o en los presidios inmediatos al desembarcadero, como siempre se ejecutó en Loreto y algún año en Monterrey, con corta o ninguna falta, habiéndose experimentado crecidas con la contraria práctica.

19. Los habilitados otorgarán sus recibos así de los fardos, tercios y cajones remitidos de México, como de los víveres y efectos que lleguen de San Blas a continuación de los conocimientos con expresión de las faltas, pérdidas o mermas que resultaron en la entrega y el tanto recibido en cada semilla, harina y efectos de ración, cuyos documentos firmados por el habilitado se entregarían al sujeto que venga echo cargo de la remesa, por quien ha de firmarse en los conocimientos que por duplicado se remiten de la comisaría de San Blas, la declaración de la entrega que haya verificado en cada ramo o efecto de los contenidos en los mismos conocimientos que han de quedar en poder del habilitado para calificar su recibo a cuyo efecto deberá remitirlos (quedando con copia certificada por los oficiales de la compañía) al factor de la península, para que lo presente en donde corresponda y por ellos se haga el debido abono; respecto de que conforme al total importe de las facturas se habrá formado el cargo al situado, por el atraso con que forzosamente han de llegar estos comprobantes.

20. Habiéndose establecido de pocos años a esta parte hacer entrega de la remesa general a los contramaestres de las embarcaciones, los que por falta de inteligencia y precisa asistencia en ellas ocasionan atraso para puntualizar su entrega, debiendo ser en lo sucesivo un oficial el que reciba; es conveniente se varíe esta práctica y que de no ser el encargado, el comandante de la embarcación lo sea el piloto en quien hay más proporción y responsabilidad para dicha comisión.

21. Estando establecido que el capitán del presidio de Loreto, como teniente de gobernador de las licencias a los armadores que entran al buceo de perlas en su costa e islas contiguas, regulando el tanto que ha de pagar por quinto cada canoa, que actualmente está reglada en cien pesos, atendida la escasez de que han venido los placeres,

por cuya razón pasaron años en que no entró armador alguno, no excediendo al presente de dos o tres canoas las que lo verifican, cuyo producto con orden de dicho capitán lo ha cobrado el comisario, que ha dado su correspondiente entrada a la Real Hacienda, con el producido de la venta de sal y algunos toros del ganado orejano, que compra la tropa y vecinos del Real de Santa Anna: debiendo seguirse esta práctica en lo sucesivo por los [?] el habilitado dará anualmente la correspondiente entrada del producto de estos ramos y demás que pertenezcan a la Real Hacienda, en cuenta separada e intervenida por el capitán en la que se datarán los gastos que ocasionen las carenas, recorridas y arboladuras de la balandra y lanchas del departamento, la que con los correspondientes justificantes de cargo y data se dirigirá al factor de la península para que la presente en el Real Tribunal de Cuentas y se hagan los cargos o abonos que correspondan al situado.

22. Respectivamente deberán los habilitados de Monterrey y San Francisco formar anualmente cuenta de cargo y data de los ganados que sean de su cargo, con distinción de especies, expresión del aumento de cabezas y producto en pesos de las que en el año se hubiesen expendido, para cuyo efecto se reglarán al formulario que irá al fin de esta instrucción.

23. Asimismo ha de ser de cargo del habilitado de presidio en cuya inmediación o término se sitúe nuevo pueblo de gente de razón, formar asiento y abrir cuenta a los pobladores, hacerse cargo y dar los correspondientes resguardos de las cantidades que para su habilitación se les haya suplido en Sonora, como de los ganados o herramientas que para el mismo efecto se remitan de otros presidios, acreditarles su respectivo haber desde el día de su entrada y verificar el cobro de la suministración que a cada poblador resulte y deba descontársele,

formando anualmente cuenta en que con la debida claridad y comprobación se den los gastos y entradas que correspondan a la Real Hacienda.

24. Los asientos que a todo poblador ha de formar el habilitado han de instruirse con su nombre, calidad, estado, edad, patria y pueblo en que queda avecindado y con igual distinción se expresará el nombre, calidad y edad de su mujer, hijos e hijas, día, mes y año en que se le dio entrada al goce de sueldo y ración que está consignada a cada uno, reglándose en esta parte a lo que irá prevenido en la instrucción de población, de no oponerse a ello las condiciones con que se haya registrado los que de Sonora vengan a poblar a estos establecimientos.

25. La entrada de nuevo poblador y data de su haber en la cuenta particular que queda prevenida, se justificará con la orden que ha de anteceder del gobernador y copia de la partida de asiento; las salidas por muerte, se comprobarán con copia de la partida de entierro y cese de sueldo o ración que en cada año resulte se distinguirá en la partida en que con separación ha de datarse el residuo que de uno u otro perciba en el año el individuo a que termine, pues su comprobación se deducirá del respectivo asiento, respecto a que de todos se ha de acompañar copia a la pimer cuenta.

26. En los dos primeros años ha de descontarse a los pobladores el importe de las herramientas que hubieren recibido y en los siguientes tres años se verificará el pago de todo lo demás que se les hubiere suplido para la habilitación de sus labores, conforme a lo que se prevendrá en su correspondiente instrucción.

27. El maíz, frijol, garbanzo y lentejas que produzcan las cosechas del pueblo, reservando los vecinos lo preciso para su subsistencia y siembras, no tiene ni puede dárseles, por ahora otro destino que el de proveer los presidios; consecuentemente los habilitados comprarán estas

semillas sobre los precios que están establecidos o en adelante se establezcan con consideración a que han de conducirse con las recuas de los presidios.

28. Si en el presidio a que se agregue pueblo existe algún pie de ganado perteneciente a la Real Hacienda, se acumulará su cuenta a la de población, en la que se formará el correspondiente cargo el habilitado del producto de las cabezas que se hubieren distribuido e igualmente ha de comprender en ella, con la correspondiente comprobación lo producido por cualquier otro efecto, perteneciente a dicha Real Hacienda, teniendo presente que toda la costalería de Esmiquilpa que se remita de San Blas (exceptuada la del empaque de harina que viene comprendida en el valor de cada tercio y las cargas de costales que se distribuyan a su cuenta a la tropa) como los cascos de barril, han de devolverse de un año a otro para por este medio excusar su repetido gasto: a los abrigos y petates de fardos que vienen de México, como a los cajones se les procurará dar salida a los que lleguen buenos y los que por podridos o rotos no la tengan, como los cabeceados de cuero, deberán considerarse como gasto legítimo de la Real Hacienda, calificando lo que así resulte, con certificación firmada por los oficiales que intervengan el inventario de existencias de fin de año, la intervengan el inventario de existencias de fin de año, la que ha de acompañarse a la expresa cuenta particular, reconocida aprobada y visada se remitirá a oficiales reales de las cajas de México, para que por ella se acrediten los gastos que correspondan al habilitado.

Formulario.

Cuenta de cargo y data de los ganados que quedan existentes en el presidio de San Carlos de Monterrey, pertenecientes a la Real Hacienda, que por comisión están a mi cargo como habilitado de la compañía en que con distinción de especies, manifiesto en sus respectivas cuentas el cargo que se dedujo por el inventario de entrega, la nacencia del presente año, la distribución de cabezas que en él se hizo, su producto en pesos, la existencia y aumento que resulta en fin de diciembre de 1780.

Cuenta de yeguas y potros

	Cabezas	P. R.
Primeramente son data ciento noventa cabezas que con la distinción de clases que constan del inventario de entrega quedaron existentes en	190	
Son cargo treinta y dos potrillos producidos de la nacencia del presente año	32	
Son cargo treinta y ocho potrancas de la misma nacencia	38	
	260	

Data en su especie y producto en pesos

Son data veinte potros domaderos que se distribuyeron a seis pesos cada uno en la compañía	20	120
Son data diez potros de tres años que se vendieron al habilitado del presidio de San Francisco al mismo precio	10	60
Son data dos yeguas que murieron cuyos fierros se manifestaron y quemaron.	2	

Data	32	
Cargo	260	
Quedan existentes en fin de diciembre	228	
La existencia del año anterior fue de	190	
Su aumento y producto en el presente es	38	180

Cuenta de ganado vacuno

	Cabezas	P. R.
Son cargo quinientas setenta cabezas que en las clases que expresa el inventario de entrega quedaron existentes en	570	
Son cargo ochenta y tres terneras producidos en la nacencia del presente año	83	
Son cargo ciento seis terneras de dicha nacencia	106	
	759	

Data en su especie y producto en pesos

Son data cuarenta y seis novillos de cuatro años que se remitieron a Dn. N. habilitado de para distribuir a pobladores de cuyo cargo queda dar entrada de su importe al respecto de seis pesos cabeza a la Rl. H.	46	276

Son data diez toros que se distribuyeron a la tropa a cinco pesos cada uno.	10	50
Son data cuatro vacas que por viejas se vendieron a seis pesos cada una	4	24
Son data dos toros que se lastimaron y fue distribuida la carne de cada uno en veinte raciones a dos reales	2	10
Son data tres terneras y dos terneros que mataron los lobos	5	
Data	67	
Cargo	759	
Quedan existentes en fin de diciembre	692	
La existencia del año anterior fue de	570	
Su aumento y producto en el presente es	122	360

En este orden seguirán las cuentas de los demás ganados, poniendo a continuación resumen de las cantidades que produjeron en pesos para manifestar su total, contra el que se datarán las partidas producidas por ganados que hayan salido para pobladores, cuya satisfacción deba hacerse por otro habilitado y las únicas de gasto que han de ofrecer por el salario del pastor del ganado menor y dos o tres arrobas de yerba de Puebla que ha de pedirse uno a otro año con lo que deduciendo la data del cargo quedará demostrado el que resulte contra el que da la cuenta que relacionando al pie el total cargo y distribución de pesos pondrá la fecha y firmará.

Título catorce

Gobierno político e instrucción para población

1. Siendo el objeto de mayor importancia para dar cumplimiento a las piadosas intenciones del Rey nuestro señor y perpetuar a S.M. el dominio del dilatado terreno que en la extensión de más de doscientas leguas comprenden los nuevos establecimientos de los presidios y respectivos puertos de San Diego, Monterrey y San Francisco adelantar la reducción y hacer útil al estado en lo posible tan vasto País, habilitado de innumerable gentilidad, exceptuados mil setecientos cuarenta nuevos cristianos de ambos sexos, que tienen las ocho misiones que se hallan situadas sobre el camino que dirige del primero al último presidio erigiendo pueblos de gente de razón, que congregada fomente la labranza, plantío y cría de ganado y sucesivamente los demás ramos de industria, de modo que a discurso de algunos años basten sus producciones a abastecer de víveres y caballerías las guarniciones de presidios, excusando por este medio el dilatado transporte, riesgos y pérdidas con que de cuenta de la Real Hacienda se conduce, con cuya justa idea se halla fundado el pueblo de San José y está determinada la creación de otro, para el que han de dirigirse pobladores con sus familias de la provincia de Sonora y Sinaloa, cuyo progresivo aumento y el de las familias de la tropa proporcionará el establecimiento de otras poblaciones y reclutas para las compañías presidiales, libertándose el real erario de los forzosos gastos que actualmente impende para el logro de uno y otro y conviniendo establecer reglas que lo aseguren se observará la instrucción siguiente.

2. Así como hasta ahora fueron consignados a cada poblador a más de la ración ciento veinte pesos en cada

uno de los dos primeros años y sólo la ración en los tres siguientes regulada en real y medio diario francos, gozarán por su equivalente en lo sucesivo, ciento diez y seis pesos tres y medio reales en cada uno de los dos primeros años, entendiéndose comprendida en dicha cantidad la ración y por ella en los tres años siguientes sesenta pesos en cada uno, con lo que queda compensado con ventaja el antencedente goce, deducido el aumento con que se pagaba y baja con que se les suministró la ración cuyos efectos y demás han de recibir al coste desde que aprobado se declare la práctica de este reglamento, siendo prevención que el referido tiempo de cinco años ha de contarse para sus goces desde el día que se verifique la posesión de solares y suertes de tierra que han de repartirse a cada poblador, como se expresará adelante, debiendo correr el tiempo que anteceda, desde sus registros, bajo las condiciones de contratas y para que se evite este gasto se providenciará de modo que luego que lleguen nuevos pobladores sin intermisión se sitúen y de la referida posesión.

3. A cada poblador y al común del pueblo han de darse con calidad de reintegro en mulas y caballos que sean de dar y recibir y pago de los demás ganados mayor y menor bajo los justos precios que han de arancelarse y las herramientas al coste como está ordenado: dos yeguas, dos vacas con una cría, dos ovejas y dos cabras, todo de vientre y una yunta de bueyes o novillos, una reja o punta de arado, un azadón, una coa, un hacha y una hoz, un cuchillo de monte, una lanza, una escopeta y una adarga, dos caballos y una mula de carga igualmente y de cargo del común se darán los padres que correspondan al número de cabezas de ganado en sus especies del todo del vecindario, un burro maezo, otro común y tres burras, un barraco y tres puercas, una fragua aviada de yunque y demás herramientas que le corresponden,

seis barras, sus palas de fierro y la herramienta necesaria de carpintería y carretería.

4. Los solares que se concedan a los nuevos pobladores se han de señalar por el gobierno en los sitios y con la extensión correspondiente a la que tuviese el terreno donde se establezcan los nuevos pueblos, de modo que queden formadas plaza y calles, conforme a lo prevenido por las leyes del reino y con su arreglo se señalará ejido competente para el pueblo y dehesas con las tierras de labor que convenga para propios.

5. Cada suerte de tierra, así de riego como de temporal ha de ser de doscientas varas de largo y doscientas de ancho, por ser este ámbito que regularmente ocupa una fanega de maíz en sembradura: el repartimiento que de dichas suertes, como de los solares ha de hacerse a nombre del Rey nuestro señor a los nuevos pobladores se hará por el gobierno con igualdad y proporción al terreno que logre el beneficio de riego de forma que precediendo la correspondiente demarcación y reservando baldíos la cuarta parte del número que resulte, contando con el número de pobladores, si alcanzasen se repartirán a dos suertes a cada uno de regadío y otras dos de secadal y de las realengas se separarán las que parecieren convenientes para propios del pueblo y de las restantes se hará merced a nombre de S.M. a los que de nuevo entrasen a poblar, por el gobernador igualmente que de los respectivos solares y señaladamente a soldados que por cumplido el tiempo de su empeño o avanzada edad se retiren del servicio, como a las familias de los que mueran, los que habilitarán sus labores con el fondo que cada uno debe tener, sin que a estos se asista de cuenta de la Real Hacienda con sueldo, ración, ni ganados, por ser limitada esta gracia a los que con aquel destino se extrañan de su país para poblar éste.

6. Las casas fabricadas en los solares concedidos y señalados a los nuevos pobladores y las suertes de tierra comprendidas en sus respectivas mercedes serán hereditarias con perpetuidad en sus hijos y descendientes o hijas que casasen con pobladores útiles y que no tengan repartimiento de suertes por sí mismos, cumpliendo todos ellos con las condiciones que irán expresadas en esta instrucción y para que los hijos de los poseedores de estas mercedes tengan la obediencia y respeto que deben a sus padres, ha de ser libre y facultativo en éstos si tuvieren dos o más hijos elegir el que quisieren de ellos, siendo secular y lego, por heredero de la casa y suertes de población y también podrán disponer que se repartan entre ellos pero no que una sola suerte se divida, porque han de ser todas y cada una de por sí indivisibles e inajenables perpetuamente.

7. Tampoco podrán los pobladores, ni sus herederos imponer censo, vínculo, fianza, hipoteca ni otro gravamen alguno aunque sea por causa piadosa sobre la casa y suertes de tierra que se les conceden y si alguno lo hiciere contraviniendo a esta justa prohibición quedará privado de la propiedad irremisiblemente y por el mismo hecho se dará su dotación a otro poblador que sea útil y obediente.

8. Gozarán los nuevos pobladores para mantener sus ganados del aprovechamiento común de aguas y pastos, leña y madera del ejido, monte y dehesa que ha de señalarse con arreglo a las leyes a cada nuevo pueblo y además disfrutará privadamente cada uno el pasto de sus tierras propias, pero con condición que debiendo tener y criar de toda clase de ganado mayor y menor, no siendo posible cuide por sí cada uno el corto número de cabezas que para pie les quedan consignadas, pues de ello se seguiría desatender las labores y obras públicas, deberá

por ahora pastorearse unido el ganado menor de la comunidad, de cuyo cargo ha de ser el pago del pastor y por lo respectivo a rodear el ganado mayor y traerlo al corral, como yeguas y burras, según convenga han de hacerlo dos pobladores que diariamente o como les parezca nombrarán entre sí de caballada, con lo que estará cuidado el ganado en sus especies evitando el riesgo de alzarse y atendidas las labores y demás faenas del común, cuidando cada individuo señalar sus respectivas cabezas de ganado menor y marcar el mayor para el que se darán los registros de fierros correspondientes sin derecho alguno, con prevención que cada poblador en lo sucesivo no ha de exceder de cincuenta cabezas de cada especie, el que posea para que de este modo se distribuya entre todos la utilidad que producen los ganados y que no se estanque en pocos vecinos la verdadera riqueza de los pueblos.

9. Serán exentos y libres por término de cinco años los nuevos pobladores de pagar diezmos, ni otro derecho alguno de los frutos y esquilmos que les produzcan las tierras de su dotación y ganados, con tal que en el primer año contado desde el día que se les señalen los solares y suertes construyan en la forma posible sus casas y las habiten, abran las zanjas correspondientes al riego de sus tierras, poniendo a las lindes divisorias en lugar de mojones, árboles frutales o silvestres que sean útiles, a razón de diez en cada suerte e igualmente se abra la acequia o zanja madre formen presa y demás obras públicas y precisas para el beneficio de las labores a que con preferencia ha de atenderse por el común, de cuyo cargo ha de ser dar construidas las casas reales en los cuatro primeros años y en el tercero una troje capaz y suficiente para pósito, en que han de custodiarse las producciones de la siembra de comunidad que al respecto de un almud de maíz por vecino ha de hacerse desde dicho

tercer año hasta el quinto inclusive, en las tierras que se señalen por propias del pueblo, debiendo hacerse todas las faenas que ofrezca hasta poner sus cosechas dentro del pósito por el común, a cuyo beneficio han de servir únicamente y para su gobierno y aumento, se formarán oportunamente las ordenanzas que han de observarse.

10. Después de los cinco años satisfarán los diezmos a S.M. como que enteramente le pertenecen, no sólo por el patronato real absoluto que tiene en estos dominios suyos, sino también por ser nobales, pues han de producirse en terrenos hasta ahora incultos y abandonados y que van a hacerse fructíferos a costa de los grandes dispendios y gastos que eroga la Real Hacienda.

Pasado el referido término de los cinco años en reconocimiento del directo y supremo dominio que pertenece al soberano pagarán los nuevos pobladores y sus descendientes media fanega de maíz por cada suerte de tierra de regadío y en beneficio de ellos mismos será obligación indispensable y común de todos concurrir a reparar la acequia, presa, atarjeas y las demás obras públicas de su pueblo, incluso la iglesia.

11. Multiplicado el ganado de cerda y burrada, ahijados los burros que convenga para garañones de las yeguas, siendo asequible la repartición de cada una de las dos especies, se efectuará de común consentimiento de los pobladores, entre sí, con toda la igualdad posible, de modo que del primer ganado quede cada vecino con dos cabezas, macho y hembra y con una del segundo, lo que verificado se señalarán y marcarán por sus dueños.

12. En los cinco años prevenidos estarán obligados los nuevos pobladores a tener dos yuntas de bueyes, dos arados, dos rejas o puntas para labrar la tierra, dos azadones con la demás herramienta precisa de labranza y finalizadas en los tres primeros años enteramente sus casas y po-

bladas y en ellas seis gallinas y un gallo, prohibiéndose absolutamente que en el término señalado de cinco años puedan enajenarse por venta, cambio u otro pretexto ni matar ninguna cabeza de ganado de las que se les suministran, ni de las de su respectivo procreo exceptuado el ganado menor de lana y pelo, que a los cuatro años es preciso darle salida, pues de lo contrario muere y en su consecuencia podrán disponer a su arbitrio de las cabezas que sean de dicho tiempo pero no de las que no lo sean, bajo la pena a el que contraviniese esta providencia dirigida a su propio beneficio y aumento de sus bienes, de quedar por el mismo hecho privado del goce de ración que se le concede por un año y el que en cualquier modo reciba una o más cabezas de dicho ganado en el referido tiempo de cualquier estado o condición que sea, será obligado a devolverlas.

13. Cumplido el término de cinco años, conservando el vientre de todas especies exceptuando el de cerda y burras, que sólo será obligado a tener cada poblador una puerca y un burro o burra, teniendo habilitadas sus labranzas con las yuntas de bueyes o novillos señaladas, hallándose aviados de mula de carga y caballos precisos, serán libres para vender los toros, novillos, potros o caballos, burros, carneros, castrados de pelo, cerda y puercas, quedando prohibido se mate vaca no siendo vieja o machorra y por consiguiente infecunda, ovejas o cabras que no sean de tres años arriba, ni vender yeguas, ni vientre útil hasta tanto que verifique cada poblador la posesión de quince yeguas con un caballo padre, quince vacas con un toro, doce ovejas y un carnero entero, diez cabras y un macho.

14. Será prohibido a todo poblador y vecino vender potro, caballo, mula o macho, ni cambiar dichas bestias, no siendo entre sí mismos, estando aviados de las que le sean necesarias, pues a las restantes no ha de dárseles

otro destino que el de la remonta de la tropa de los presidios y han de pagarse a los justos precios que se establezcan (exceptuando todo caballo o mula especial) en los mismos pueblos, bajo la pena de veinte pesos que han de exigirse al que contraviniere esta providencia por cada cabeza a que diese otra salida que la que queda expresada, los que se aplican por mitad al denunciador y gastos de república.

15. El maíz, frijol, garbanzo y lenteja que produzcan las cosechas de los pueblos, reservando los vecinos lo preciso para su subsistencia y siembras ha de comprarse y satisfacerse de contado, sobre los precios que estén establecidos o en adelante se establezcan; para la provisión de los presidios y de su importe se harán a cada poblador los prudentes descuentos que convengan para reintegrar a la Real Hacienda de las cantidades que para su habilitación se le habían suplido, en reales, caballerías, ganados, herramientas, semillas y demás efectos, de modo que en los cinco primeros años ha de quedar verificado el pago.

16. Todo poblador y vecino cabeza de familia a quien se hayan repartido o en adelante se repartan solares y surtes de tierra y los que los subcedan, serán obligados a mantenerse equipados con dos caballos, silla aviada, escopeta y demás armas que quedan expresadas y han de suministrárseles al coste para defender sus respectivos distritos y acudir sin abandonar aquella primera obligación donde con grave urgencia se ordene por el gobernador.

17. De las mercedes de solares, tierras y aguas concedidas a los nuevos pobladores o vecinos a que se concedan en lo sucesivo se librarán por el gobernador o comisario que nombre a este efecto los correspondientes despachos de que ha de tomarse razón y de los registros de fierros en el Libro general de población, que se ha

de formar y guardar en el archivo del gobierno en el que se pondrá por cabeza copia de esta instrucción.

18. Y conviniendo para el buen gobierno y policía de los pueblos, administración de justicia dirigir las obras públicas, repartimiento de las tandas de agua y celar el cumplimiento de cuanto queda prevenido en esta instrucción se les dé a proporción de sus vecindarios, alcaldes ordinarios y otros oficiales de consexo anuales, se pondrán por el gobernador en los dos primeros años y en los siguientes nombrarán entre sí los oficios de república que se hayan establecido, cuyas elecciones han de pasarse para su confirmación al gobernador por quien se continuará dicho nombramiento en los tres años siguientes si advirtiese convenir así.

Título quince

Erección de nuevas reducciones

1. Respecto de que situadas en el canal de Santa Bárbara, las tres reducciones que están determinadas quedará cubierta la demarcación que ha gobernado de sur a norte el establecimiento de las ocho anteriormente fundadas sobre el camino que dirige del presidio de San Diego al de Monterrey y de éste a el de San Francisco y consiguientemente queda facilitada la comunicación de los nuevos establecimientos pues quedan las once misiones y presidios distantes entre sí de trece a veinte leguas, exceptuando el intervalo que media de la de San Antonio a San Luis y de San Juan Capistrano a San Gabriel que se regulan de veinte y cinco leguas: es de suma importancia para adelantar la reducción de la numerosa gentilidad que puebla esta parte de la península variar el establecimiento de nuevas reducciones a los rumbos opuestos, proporcionando, en cuanto lo permitan los sitios que

han de solicitarse de las calidades que conviene para la estabilidad de forma que cada una de las que en lo sucesivo se sitúen (que a excepción de una o dos serán las restantes al este) queden en la distancia de catorce a veinte leguas de dos de las antiguas, por cuyo medio se ocuparán los intervalos que éstas tienen entre sí se irán ciñendo las rancherías de gentiles, se aumentará considerablemente la cristiandad y descubrirá la tierra.

2. Supuesto es de más de doscientas leguas la extensión en que se hallan situados los referidos establecimientos de Monterrey, no estando descubierto el ancho de la tierra, se infiere ha de corresponder con exceso, atendido se cuenta por miles lo más que se dilata y consecuentemente se hace inexcusable verificar el aumento de reducciones con proporción a el vasto país ocupado y aunque debe ejecutarse sucesivamente en el orden que queda expresado, según se aseguren las anteriores fundaciones, aminorando sus escoltas para que la tropa sobrante guarnezca las que se aumenten, siendo forzoso sean muchas, en consiguiente han de gravar considerablemente el erario, o caminar con morosidad la ejecución y para facilitarla conviene que, exceptuadas las tres reducciones que han de situarse en el Canal de Santa Bárbara con dos religiosos cada una por las justas causas que allí concurren y quedan expuestas las demás que subsigan se establezcan conforme a la antigua práctica de esta y demás provincias internas, con un ministro, pero sin variación de la limosna de cuatrocientos pesos que al año están consignados a cada uno, en cuya cantidad han de entenderse comprendidas todas las necesidades religiosas, así como el avío temporal de misión y labranza, en los un mil pesos concedidos para cada fundación permitiéndose para el más pronto incremento de las nuevas que las antiguas las socorran con las cabezas de ganado y semillas que sin falta en sus especies

regule el R.P. presidente puedan dar. Y con un ministro en el primer año de la fundación.

3. Las ocho misiones actualmente establecidas quedarán con los dos ministros que cada una tiene, pero no han de reemplazarse los que por muerte o retiro vayan faltando, hasta tanto que queden reducidas a un solo ministro, a excepción de las inmediatas a los presidios, en que han de subsistir dos religiosos y uno con la precisa asistencia al presidio como capellán de él, ínterin no se determine proveerlos de capellanes regulares, consecuentemente si resultase la falta en estas misiones o en las del canal, pasará a ocupar su lugar uno de las de San Juan Capistrano, San Gabriel, San Luis, San Antonio o Santa Clara o concurrir, como queda dicho a nuevas fundaciones.

4. En el mismo orden que explica el artículo segundo deberán reducirse a un solo ministro las doctrinas que administran religiosos del orden de Santo Domingo en la Antigua California, exceptuada la de Loreto, en que han de existir dos ministros uno como capellán del presidio y las dos últimas del norte, que al presente o en adelante sean fronterizas y en unas y otras se reemplazarán las faltas que ocurran con los segundos ministros de las restantes ínterin subsistan, quedando todos con el sínodo de trescientos cincuenta pesos que a cada uno están señalados, pero sin arbitrio los prelados de remover con éste ni otro motivo alguno a los religiosos de una a otra doctrina, para lo que precisa y cumplidamente ha de guardarse la forma del Real Patronazgo en todas sus partes y casos que puedan ocurrir.

5. Supuesto estar sólo fundadas la reducción de nuestra Sra. del Rosario de Viñadaco y la de Sto. Domingo, de las cinco que deben situarse conforme a la demarcación anteriormente acordada por la Real Junta de Guerra y Real Hacienda para cubrir el camino que inter-

media de la frontera al presidio de San Diego, siendo de la mayor importancia verificar la erección de las tres restantes con lo que quedará facilitada la comunicación de los antiguos y nuevos establecimientos deberá ejecutarse con la posible brevedad.

Es cuanto dejo expuesto lo que la experiencia y conocimiento adquirido, mi celo y amor al real servicio y cumplimiento de las superiores órdenes me han dictado por más conveniente para desempeñar la real resolución y piadosas intenciones del Rey.

Real presidio de San Carlos de Monterrey, primero de junio de mil setecientos setenta y nueve.

Felipe de Neve (Rúbrica. El escrito es autógrafo de Neve).

Nota del Ed. Basilio José Arrillaga, en el tomo correspondiente al año de 1828 de la *Recopilación de leyes, decretos, bandos, reglamentos. . .*, páginas 121 a 175 publicó una copia posterior de este *Reglamento.* Después de la firma de Neve dice: Es copia de su original, que queda en la secretaría de la comandancia general de mi cargo de que certifico. Arispe ? de febrero de 1780.– *Antonio Bonilla.*– Ha visto el rey el reglamento para el gobierno de la provincia de Californias, formado por el gobernador de ella. D. Felipe Neve en virtud de lo dispuesto en real orden de 21 de marzo de 1775, del cual remite V.F. testimonio con carta de 19 de enero de este año núm. 856, se ha dignado S.M. aprobarlo, y de su orden lo prevengo a V.E. para su inteligencia y gobierno. Dios guarde a V.E. muchos años. San Lorenzo 24 de octubre de 1781.– *José de Gálvez.*– Sr. virrey de Nueva España.– México 26 de marzo de 1782. Sáquese copia certificada de esta real orden y agregada al reglamento que se expresa para constancia de la aprobación que ha merecido a S.M. imprímanse los ejemplares correspondientes y diríjanse con los respectivos oficios los necesarios al Sr. comandante general de provincias internas, a los oficiales reales de estas cajas, al real tribunal de cuentas, al factor D. Manuel Ramón de Goya, al comisario del departamento de S. Blas y al gobernador de Californias, para su constancia y cumplimiento en la parte que a cada uno toca, de cuya providencia se avisará en respuesta de dicha real orden. *Mayorga.*– Es copia de su original, de que certifico.– México 3 de abril de 1782.– *Pedro Antonio de Cosío.*

ANEXO 5

INSTRUCCION RESERVADA DE NEVE

A.G.N., *Californias*, vol. 21, f. 434.

Excmo. Señor.– En vista del oficio de V.E. de 22 de mayo último he prevenido que en el archivo de la secretaría de esta Comandancia Gral. se solicite la instrucción reservada que el Sor. Dn. Fe. Neve entregó al gobernador de la península de California Dn. Pedro Fages en 7 de Septiembre de 1782 y cuando fuere hallada se sacará copia que pasaré a manos de V.E. para los fines que se sirva indicarme.– Dios gue. a V.E. muchos años. Chihuahua 11 de Junio de 1804.– Nemesio Salcedo.

Exmo. Sor. Dn. José Iturrigaray.

A.G.N., *Californias*, vol. 21.

Excmo. Sor.– Remito a V.E. copia certificada de la instrucción reservada que mi predecesor el Sor. Dn. Felipe de Neve entregó al gobernador de California Dn. Pedro Fages en 7 de Septiembre de 1782, la cual prescribe el pie sobre que debían establecerse los presidios de aquella península a fin de que V.E. haga de dicho documento el uso que se sirvió indicarme en oficio de 22 de mayo del año próximo pasado.

Dios gue. a V.E. ms. as. Chihuahua 4 de Abril de 1805.– Excmo. Sor. Nemesio Salcedo.

Excmo. Sor. Dn. José Iturrigaray.

A.G.N., *Californias*, vol. 21, ff. 435-441.

Instrucción

No permite puntualizarla con toda la extensión que convendría la agitación e incómodos parajes de una marcha que obliga a reducirla a los más esenciales puntos y de advertencias conducentes al desempeño y acertada dirección del nuevo gobernador a quien oportunamente se pasarán todas las prevenciones que se conceptúen precisas; bien que teniendo comunicadas mis instrucciones generales y particulares a los comandantes de los presidios de frontera conforme a las resoluciones del Sor. Comandante General y demás que abraza el reglamento de la península aprobado por S.M. La respectiva instrucción para la formación, progreso y aumento de pueblos y órdenes generales de marcha cuyos documentos existen en los presidios y expresadas puestos así en los comandantes mis particulares órdenes providencias sobre los acaecimientos ocurridos en el tiempo de mi gobierno su comprensión y copias de las citadas instrucciones u órdenes impondrán perfectamente en los medios más eficaces y precisos para conseguir el fin propuesto.

1o. El principal objeto de su acertado gobierno debe consistir en conservar una perfecta paz y tranquilidad de la península manteniendo la amistad y buen trato de todas las naciones gentiles sin permitir se les perjudique en modo alguno; el agasajo, buen trato y alguna pequeña dádiva de uno o dos hilos de abalorios, son los principales medios para conseguir el fin. La mayor atención en el día exigen las nuevas fundaciones del canal y es muy importante no se varíe de modo alguno la observancia de cuanto previene la particular instrucción dada a aquel comandante para el gobierno del presidio de Santa Bárbara Misión de este nombre la de San Buenaventura y la de la Purísima Concepción que están por fundar y se verificará luego que se reciba la correspondiente orden. La buena disposición y perfecta amistad de aquellos gentiles gusto y complacencia con que vinieron a admitir nuestros establecimientos a su inmediación cambiados de la repugnancia que al principio manifestaron principalmente el capitán Ianonalti es todo constante al nuevo gobernador así como el medio único que lo facilitó fue el buen trato y la dádiva excusando por todos los medios posibles tengan motivo de sentimiento y castigando con severidad toda contravención facilitando lleguen a entender los mismos gentiles agraviados esta satisfacción como ya se verificó en Santa Bárbara y borró enteramente su sentimiento en el agravio y admiró a Ianonalti y demás gentiles que vieron el castigo de cueras de los delincuentes. Para continuar bajo este arreglo, el agasajo de aquéllos y otros gentiles dejé al teniente don José de Ortega algunos abalorios y se entregaron al nuevo gobernador 41 Mazo que dejé en un cajón en el mismo presidio y 8 o 10 mazos que quedaron en la Misión de San Gabriel los que como una pequeña porción de 20 mazos que existen en Monterrey no tienen otro destino que para el efecto dicho y es muy conducente que siga la práctica que yo observé en todas mis marchas parándome de profeso llamando todos los gentiles que encontraba para agasajarlos con algunos hilos de abalorios y cuya noticia comunicada de unos a otros se aumentaban y hubo ocasión que llegaron conmigo al paraje 40 o 50 gentiles antes montaraces y huraños.

2o. No ha podido conseguirse docilitar los gentiles que habitan el terreno intermedio desde el presidio de San Diego hasta la frontera de la antigua California y señaladamente los del arroyo de San Juan Bautista y Ensenada de Todos Santos éstos han perjudicado en cuanto han podido las partidas que transitan y pasan los correos, ejecutaron la muerte del Cabo Antonio Briones, han flechado, aunque sin efecto varias partidas prendido fuego a el pasto del real en que algunos pararon, llegando al extremo de ir prendiendo fuego al pasto delante de una recua de 50 mulas que escoltaba el alférez don José Velázquez con partida de 13 soldados y 4 arrieros, cuyas inquietudes me determinaron el año pasado a resolver una entrada a los tres parajes indicados que pensé hacer con destacamento de 40 hombres y para el efecto tenía prevenido los bastimentos necesarios a fin de sorprenderlos en sus rancherías amonestarlos y aun agasajarlos sin hacerles guerra en cuanto ellos no obligasen a su efecto por ser el único que me propuso el ver si sin estrago podía reducirlos a nuestra amistad. Desvaneció este proyecto la novedad ocurrida en el Colorado y no me han permitido su práctica las ocurrencias que sucesivamente han ido sobreviniendo y como quiera que conviene tomar los medios más oportunos para evitar incidente sensible por el descuido de alguna partida en aquellos parajes en que generalmente tengo prevenido excusen en cuanto sea posible parar a hacer noche; pensé y reglé abrir nuevo camino que excusase el paso de los citados arroyos y Ensenada de Todos Santos, facilitando mayor derezera y ahorro de tierra, excusando las penosas cuestas del arroyo de San Juan Bautista y el Encino no sólo penosas y muy difíciles para las recuas, sino aun para las partidas de correos en los tiempos de aguas. Este camino debe abrirse saliendo de San Diego a la ranchería de la Punta y dejando aquí el Camino Real dirigirse por toda la cañada hasta su remate a tomar una abra que se dirige al sur y desemboca en el paraje que descubrió el alférez don José Velázquez a el nacimiento del arroyo del Encino distante del paraje antiguo como cuatro leguas y siguiendo sobre el mismo rumbo del sur una abra que subiendo su primer loma descubre la Ensenada de Todos Santos, siguiéndola se irá a salir como 4 o 5 leguas distante del antiguo paraje de la expresada

Ensenada de Todos Santos donde se vuelve a tomar el Camino Real y se regula se excusarán de 10 a 12 leguas; transitarán las partidas sin el preciso encuentro de rancherías que hoy lo hacen, ya aviciados sus naturales en los insinuados daños y el de matar toda la mulada o caballería que se extravía, respecto a que el todo de las rancherías se hallan situadas sobre la marina siendo la más prudente providencia en el presente estado de la península la abertura de este nuevo camino se ejecutará por el alférez don José Velázquez luego que se restituya a San Diego evacuada la expedición del Río Colorado.

3o. Y cuando algún incidente embarece lo ejecute a este oficial nombrará el sargento Guillermo Carrillo y para que no dude cual es el paraje o nacimiento del arroyo del Encino se previene que es un llano que encontrará con una crecida alameda de álamos y encinos, la llanura está a la parte del norte y corre entre oriente y poniente y al sursudeste descubrirá una pequeña sierra cubierta de pinos.

4o. Como se han experimentado daños causados ya en los ganados como en la caballada, en los cristianos de la misión de San Carlos, gentiles de los sanjones y la Soledad a las inmediaciones de Monterrey, así como por los gentiles a inmediación del presidio de San Francisco y pueblo de San José de Guadalupe ha precisado para contener estos desórdenes hacer alguna demostración y moderado castigo en unos y otros aprehendido a los agresores, trayéndolos al presidio y mortificándolos con 8 o 10 días de zepo, 20 o 25 azotes que generalmente he dispuesto por lo respectivo a gentiles que verificado esta corrección se les amoneste y agasaje mucho regalándolos un almud de maíz a cada uno o algunas panochas de mi cuenta cuyo medio ha sido bastante para reparar este daño en el presidio de San Francisco, pueblo de San José y espero el mismo logro en el presidio de San Diego donde últimamente di igual providencia para dos gentiles que mataron una yegua y un caballo y flecharon otras bestias, e igualmente se contuvieron los gentiles de los sanjones, pero no se ha logrado con repetidos castigos con los cristianos de la insinuada misión que últimamente se descubrió habiendo muerto hasta 10 cabezas de yeguas, potrancas y potrillos de la caballada de Monterrey, siendo lo especial que no ejecutan daño alguno en el ganado ni caballada de la misión, conviene para atajar estos perjuicios a más de una exacta vigilancia se repita el encargo al cabo de aquella escolta y aun a los soldados de ella para que incesantemente indaguen si entraron carne en la ranchería o aprehendan a los que la inrodujeron y den cuenta para que examinado donde la hubieron se castigue el exceso que precisamente ha de redundar de haber muerto ganado del presidio y contribuirá mucho se ruegue y encargue al Pe. presidente Fr. Junípero Serra, amoneste repetidamente a los cristianos de su misión no ejecuten tales daños, se repita la orden que tengo dada a los que cuidan del ganado y demás soldados que salgan ya de caballada o otros encargos quiten los cabrestos o cuerdas que puedan llevar los indios bien sean gentiles o cristianos tomando el nombre de éstos y dando cuenta, en el presidio, bajo el supuesto de que los indios únicamente pueden usar de cabresto o cuerda larga para lazar ganado o caballada.

5o. Las repetidas fugas que hacen los indios cristianos de sus misiones han causado gravísimos perjuicios en repetidas salidas que hizo la tropa para su solicitud y conducción a ellas han resultado muertes de los gentiles por la mala dirección de los cabos que las mandaban; sus salidas las he contenido cuanto me ha sido posible valiéndome de diversos medios para reducir los fugitivos a sus misiones y en los casos que ha sido inexcusable despacharlas ha sido con instrucción la más estrecha para evitar así aquellas funestas consecuencias como las que pudieran ocasionar a las pequeñas partidas que pueden despachar de los presidios a la sierra en que generalmente se refugian lo poco que pueden obrar nuestras tropas en aquellos desiguales y pedregosos terrenos, que obligan a desmontarse los soldados y entrar pie a tierra a las rancherías; su corto número y poca fuerza han de percibirla los gentiles tanto más pronto cuanto más frecuentes sean estas entradas el fatal suceso de una es preciso anime a los que lo causaron y a todos los que comprendan los medios de que se valieron y de que es temible se aprovechen en nuestro daño, nada debe precaverse con tanta vigilancia como este fatal suceso. Conviene mucho mantener bozal y no exasperar la numerosa gentilidad que nos rodea gobernándonos con tal política que los mantengamos en debido respecto y amistad y respecto que lo conceptúo más arriesgado es como dejo expuesto frecuentar las entradas a rancherías gentiles conviene su observancia que por parte de los ministros de las misiones se llamen los fugitivos y envíen indios cristianos a traerlos a aquellas rancherías en que se hallen, enviando recado a los capitanejos, como ya lo practican y éstos no excusan entregarlos y aun traerlos sin aquella circunstancia del motu propio; se evitará lo primero si en las misiones se moderan los castigos de los defectos y faltas de los naturales y se conseguirá lo segundo manteniendo grata y haciendo buen trato a la gentilidad y señaladamente a los capitanejos bien que podrá ofrecerse urgente precisión de despachar alguna partida únicamente en el día a la ranchería de la Soledad en donde existen algunos naturales fugitivos de mucho tiempo que ningún medio ha bastado para reducirlos según se me ha informado, éstos en repetidas ocasiones han venido a la misión pero nunca han subsistido arriba de 2 o 3 meses constantemente sucederá lo mismo conseguido el fin de traerlos, siempre que se determine sea con la orden más ajustada que evite los insinuados inconvenientes, cuídese mucho de no dar partidas a los religiosos que suelen pedir con el pretexto de confesiones y es únicamente como ha sucedido el año de 80 y el de 79 el 1o. con el P. presidente, que con dos soldados lejos de ir a una confesión a dos o 3 leguas de la misión, se fue a la ranchería de la Soledad, durmió en ella y no apareció en 3 días: la 2a. con el padre Fr. Francisco Dumiest que con otros dos soldados anduvo corriendo las rancherías de la sierra y por último por ningún caso se permita que en salidas que se hagan a rancherías gentiles vaya religioso alguno aunque lo pretendan como efectivamente sucederá. Sólo sirven de debilitar la fuerza y otros inconvenientes y repítase la orden para que en caso de salidas a verdaderas confesiones se haga de modo que una pequeña partida de dos soldados que es lo más que puede darse en las escoltas no permitan fuera de las misiones aunque a lo contrario insten los religiosos, ya ha sucedido en la misión de Santa Clara y persistiendo el padre Pena, cumplió con su obligación el soldado que hacía de cabo se lo dejó y se vino a la misión, lo que le aprobé. Es muy útil al servicio del Rey y bien público que los gentiles de estos establecimientos no aprendan a matar soldados y esta atención supera a todas las demás atenciones.

6o. Para las partidas que transitan ya con providencias del gobierno, conducción de pliegos o escoltas de recuas se hallan las prevenciones más oportunas en la orden general de marchas que tengo comunicadas a todos los presidios y frontera de la antigua California a ella según las ocurrencias se aumentarán todas las prevenciones que se tengan por convenientes, teniendo presente que en el día varía el número que deben componer estas partidas que fijándose por el citado orden a 8 hombres ocupado el canal de Santa Bárbara manteniendo pacífica como está aquella gentilidad bastan 4 hombres para la conducción de pliegos o otra cualquier diligencia a la ligera para circular por todos los establecimientos y aún dos para todo lo que no sea atravesar el canal o pasar de San Diego a la antigua California cuyas partidas han de ser al menos de 6 hombres incluso un cabo de satisfacción ínterin que abierto el nuevo camino que queda prevenido no se reconozca puedan minorarse estas partidas. El logro de todo consiste como ya dejo indicado en que por la tropa que transite no haga vejación alguna a los gentiles, se les acaricie y trate con la mayor humanidad, haga noche la tropa a la mayor distancia posible de las rancherías y se guarde en todo la más exacta disciplina castigando con severidad cualquier leve contravención de las órdenes generales y particulares que en esta parte se comuniquen.

7o. El gobierno interior de los presidios, disciplina subordinación y servicio de la tropa está prevenido por el Real reglamento de presidios y el particular que con sujeción a él gobierna en esta península y por lo respectivo a cuentas particulares que anualmente deben darse por los habilitados de todo producto de ganados y demás entradas pertenecientes a la Real Hacienda se hallan las correspondientes prevenciones y formulario en el citado reglamento de la península y en los actuales habilitados mis declaraciones sobre las dudas que para la práctica de sus primeras cuentas les ocurrieron así para dar en ellas los gastos de todo lo suplido en pago de sueldos y ración de pobladores como para demostrar los legítimos gastos de Real Hacienda y tanto suplido por la habilitación cuyo abono por aumento corresponde hacerse al situado del presidio, así como el aumento de las cantidades que en Monterrey y Loreto debían darse de entrada a dicha Real Hacienda para cuyo efecto tengo pasado a todos los presidios que tienen agregados pueblos, ganados o entradas de Real Hacienda formulario para la formación de dichas cuentas. El producto rendido por el ganado y caballada en Monterrey en el presente año excede de 700 pesos sin comprender los aumentos que han producido en sus mismas especies. Este ha de acrecerse sucesivamente así como los productos mayormente bajo la providencia que tengo dada para su práctica desde el presente año; consisten en que se haga matanza en los meses de septiembre y octubre en este año de 24 novillos y vacas viejas o machorras, su carne se distribuya en la tropa por raciones, cuartas partes, mitades o reses al respecto de 5 pesos cada una, la manteca y sebo se extraiga, la primera se fría y beneficie poniéndola en vasijas o barriles que pesados antes del envase aseguren después el peso neto de manteca que resulte por el que se hará la entrega al habilitado que la distribuirá por menor y dará su entrada a la Real Hacienda; el sebo se beneficiará igualmente y harán velas costeando del mismo los costos y gastos de pabilos; se arreglarán las indispensables y precisas para luces del cuartel y guardia, evitando por este medio el gasto que origina a la tropa el uso del ocote y como este consumo será corto respecto al que debe producir la matanza del todo sobte. se hará venta a beneficio de la Real Hacienda y como quiera que el todo de la carne podrá nō poderse distribuir fresca en el mismo presidio se hará tasajo que se distribuirá en él, teniendo presente socorrer a las escoltas y aun al presidio de Santa Bárbara bien que a éste es más conveniente hacerle de tiempo en tiempo alguna remisión de toros en pie. Esta matanza ha de aumentarse sucesivamente de modo que la tropa esté bien abastecida de carne y en cuanto sea posible se excuse venga manteca alguna de San Blas y aun se provea dē ella y sebo al presidio de San Francisco, manteniendo siempre el repuesto de 40 a 50 reses para refresco de la Nao de Philipinas que debe anualmente hacer escala a Monterrey y como quiera que sería muy embarazoso dejar supercrecer el considerable número de ganado que hoy tiene Monterrey que conceptúo excede de mil cabezas para obviar los inconvenientes que podrían seguirse se cuidará mantener dicho pie de ganado sobre el número de 800 a 900 cabezas que son bastantes para los fines expresados causarán menos disperción en las tierras, consumo de pastos y mayor facilidad para su rodeo que excediendo del prefijado número.

8o. Como el ganado menor ofrece el gasto de salario y ración de un pastor y no tienen en el presidio salida los carneros y castrados, supuesto que ha de abastecer la tropa con reses conviene dar venta al ganado de esta especie, supuesto que los pueblos están abastecidos y van en aumento para cualquier otro que se funde podrá proveerse de los ya fundados o de las misiones por lo que conviene se venda todo el ganado menor sobre precios de arancel y se dé su correspondiente entrada.

9o. El progresivo aumento de los pueblos es muy interesante a estos nuevos establecimientos y muy en breve podrán con sus cosechas y las de las misiones surtir de maíz, trigo y frijol los presidios excusándose el transporte de estas semillas del puerto de San Blas precaviendo, como ya se ha verificado en el año pasado su total falta por la que hicieron las remesas de aquel departamento sin que por esto se advirtiese escasez en los presidios de Monterrey y San Francisco que fueron completamente surtidos por el pueblo de San José, cuya cosecha excedió de 1300 fanegas de grano, lo mismo se verificó en el presidio de San Diego tropa y familias destinadas a la fundación del presidio de Santa Bárbara, como a los piquetes que llegaron a la península y permanecieron en ella más de 5 meses, todos fueron provistos abundantemente por las misiones de San Gabriel y San Juan Capistrano. El fomento de dichos pueblos pide muy singular atención; no faltan contradicciones para estos establecimientos las que sólo puede desvanecer la vigilancia del gobierno; es muy esencial la más exacta para el pueblo de Nuestra Señora de los Angeles, su situación abundante a agua, tierras y demás concerniente a su progreso le facilitan con ventajas al pueblo de San José, pero es necesario tener allí un hombre activo y exigente que anime a los pobladores a la cultura de sus tierras y siembras y demás relativo a las labores. El poco cuidado que se tuvo en la guarda de la cosecha del trigo hizo bajar su producción, que hubiera llegado a 400 fanegas a sólo 260. Por el mismo defecto se perdió la primera siembra de maíz que por descuido de no haber abierto con anticipación la acequia debía beneficiarlo se secó ya bien nacido y fue preciso hacer segunda siembra que quedaba en ventajoso estado, bien que en menor cantidad de semilla, pero se regula puedan alzarse de 300 a 400 fanegas sin embargo de que se perdieron varios pedazos a que por no haberse labrado bien las tierras no alcanzó el beneficio de riego; como de este suceso se hicieron anticipadas prevenciones para precaverlo y no se logró el fin; se hace presumible descuido de parte del cabo que dirige aquel pueblo y es bastante inteligente en labores de campo, conviene vigilar sobre él e interesarle en ellas para que se logre el efecto con utilidad de los pobladores y de estos establecimientos.

10o. De todas las existencias de ganados pertenecientes a la Real Hacienda instruirán los últimos herraderos y respectivas cuentas que paran en poder de los habilitados del presidio de Monterrey y San Francisco así con las correspondientes cuentas y herraderos de los ganados de los enunciados pueblos y los que en ellos existen pertenecientes a la Real Hacienda éstos conviene reunir a

Monterrey a fin de que no dependa la noticia de su aumento de la que den los cabos de sus escoltas. Por la Instrucción de población se advierte los toros y número de ganado que es permitido tenga cada poblador, yuntas de bueyes que debe mantener, herramientas y demás perteneciente a la cultura del campo e igualmente se advierte el orden con que deben dar salida a sus esquilmos lo pobladores así en estas partes como en las demás que advierte la referida instrucción; para el mejor gobierno, conservación y aumento de estas poblaciones es muy conveniente se haga observar y llevar a puro y debido efecto sin desatender la construcción de pósitos y la de una presa de cal y canto en el pueblo de San José, donde para el acarreo de piedra se hallan construidas carretas y ya se ha dado principio a la troje que debe servir de pósito. Y a fin de evitar todo inconveniente que pueda suscitarse por la misión de Santa Clara en punto a términos de ella y el pueblo, declaro como anteriormente lo tengo hecho que la guarda raya o lindero que divide los dos términos de oriente a poniente es la media del terreno que intermedia entre los dos terrenos correspondo a la misión la parte del norte y al pueblo la del sur, donde pueden ponerse mojoneras.

11. Por el citado Reglamento de la península están proveídas las entradas de ramos de Real Hacienda que produce la jurisdicción de Loreto por quintos de perla, venta de sal y ganado orejano sobre que últimamente reglé provisionalmente el precio de cada toro en dos pesos y por posterior orden que entrego original del comandante general se instruye el método con que debe cobrarse el real derecho de alcabala en el citado presidio de Loreto de todos los efectos que se introduzcan para su reventa en aquella jurisdicción de cuyo documento tengo pasadas copia certificada al comandante de aquel presidio don Joaquín Cañete para su observancia y la del

cobro de fletes de mar conforme a la instrucción que formó el Exmo. Sor. Dn. José de Gálvez. E igual se advierte el orden con que deben darse las entradas a las admes. y caja a que corresponde descontándose sus montos del situado del presidio como anteriormente tengo dispuesto por lo respectivo a todas las entradas de Real Hacienda exceptuada alcabala.

12. Por providencia del Sr. Comandante General se remató la hacienda de beneficio de plata y sus aperos que existían en el Real de Sta. Anna al capitán de milicias don Antonio de Ozio en cantidad de 1 mil pesos con condición de pagarlos en plazos de 6 meses al respecto de 250 pesos en cada uno pagando el rédito de un 5% de la parte que resultase por enterar hasta tanto que se extinguiese este crédito a favor de la Real Hacienda.

13. Igualmente por comisión del Real Tribunal y Audiencia de Cuentas se están cobrando 3900 y tantos pesos a la misión de Todos Santos por el costo que tuvo la Lancha Nuestra Señora del Rosario que se construyó en San Blas y a cuya cuenta están cobrados 1,500 pesos que están depositados en Loreto debe llevarse a puro y debido efecto este cobro de que actualmente está encargado el teniente Dn. Joaquín Cañete y deberá ser luego que tome posesión de la compañía de aquel presidio el capitán provisto Dn. Manuel de Azuela, observando para su entero lo prevenido en el despacho del Real Tribunal de Cuentas que existe en Loreto.

14. De todas las resoluciones del Sor. Comandante General relativas al gobierno de esta península instruirán las respectivas originales órdenes así como de todas las reales cédulas, bandos y órdenes que se han comunicado y existen en el archivo de gobierno de Monterrey y no siéndome posible verificar su entrega lo hará el alférez don Hermenegildo Sal, a quien doy poder para que la formalice y forme un índice general de todas las reales

órdenes y cédulas, bandos y providencias del superior gobierno que allí existen tanto por las pertenecientes a la entrega del capitán don Fernando de Rivera como de las posteriormente recibidas así como de las que al pronto entregue y deben manifestarse para que se coloquen en el citado índice general en que también han de comprenderse las órdenes, cartas y providencias que se han dado por el gobierno así como las contestaciones de sus recibos dados por los comandantes de los presidios, causas e informaciones que se han seguido y existen archivadas como todas las cartas que tengan consecuencia y convenga conservarse pero no las de partes mensales y otras que no precisa comprender en el índece general y le harían confuso y voluminoso. Las superiores órdenes se reglarán y anotarán sus contenidos por meses numerándolas de modo que sea fácil su comprensión y encuentro por el índice en que ha de constar la numeración de cada una.

15. Por lo respectivo a misiones está prevenido por el Sor. Comandante General y comunicadas sus superiores órdenes a los R.P. presidente Fr. Junípero Serra y Fr. Miguel Hidalgo, formen y remitan al Sr. gobernador todos los inventarios de misiones de que no han hecho remisiones en los antecedentes reglados a el método que previno el Exmo. Sor. Virrey difunto como advierte el original orden que entrego, lo han practicado las misiones de la jurisdicción de Loreto, bien que no con las formalidades que debieron, sobre cuyo punto conservando en mi poder dichos documentos consultaré al Sor. Comandante General por quien se comunicarán las correspondientes órdenes. Tengo hecha 3a. Insta. al R.P. Serra sobre este particular explicándole el orden con que deben formarse dichos inventarios de quien no he recibido contestación y conviene se lleve a puro y debido efecto su cumplimiento y que desde luego se pase por el

nuevo gobernador el correspondiente oficio de ruego y encargo a dicho R. Pe. dando cuenta de las resultas al superior gobierno al que deben remitir dichos originales documentos, así los atrasados como los que anuales deben presentarse por cada una de las misiones de la península tomando de ellos el gobierno los pertenecientes registros de existencia de frutos, número de naturales de cada misión que exprese sus padrones cuyas noticias son precisas e indispensables para providenciar en los casos urgentes de necesidad de víveres o inquietud de la gentilidad en que sea preciso valerse de los cristianos para contenerlos o escarmentarlos. La ordenación de dichos inventarios consiste en poner por principio el de vasos sagrados, ornamentos y demás útiles de iglesia y sacristía, seguirá una relación de la fábrica de la iglesia, sus dimensiones, retablos y lienzos que la adornan. Explicación de la casa y demás fábricas materiales y oficinas de la misión. Muebles, herramientas y aperos, así pertenecientes a labor y recua y demás oficios, tierras abiertas de labor con explicación de las que en el año se hayan abierto, fábricas, herramientas y todo otro utensilio que en el año se hayan aumentado, disminuido o deteriorado. Siembras de cada semilla que en el año se haya verificado. Cosecha que se haya levantado, número de cabezas de ganado existente las de caballada, mulada de recua, ganado menor, demostrando por partición cuenta de cada semilla y especie de ganado, caballada y mulada de recua la existente que en cada especie resultó por el inventario del año anterior la nacencia de ganado que hubo en el presente año así como la cosecha, con lo que sumadas las dos partidas de existencia del año anterior y producción del presente se demostrará el total cargo y dando a su continuación la data correspondiente así por la venta de ganados que en el año se hayan vendido, muerto o perdido. Las semillas consumidas en el alimento y manutención de los naturales de la misión, venta que de ella se haya verificado con expresión de unas y otras de su producto en pesos; se sumarán las partidas de data manifestará el total que restado con el del cargo demostrará la existencia que resulta para el siguiente año. Debe formarse un resumen de las cantidades producidas por todos los ramos y a su continuación manifestarse la legítima inversión que se haya dado a este caudal en vestuario de los indios, mejora de ornamentos y ropa de sacristía, como el fondo que queda existe en pesos efectivos, deudas a favor de la misión de uno a otro año a continuación debe seguir el padrón de los naturales de cada una manifestando al pie los bautismos que en el año se hicieron los adultos y párvulos de ambos sexos que murieron como los que nacieron.

16. Por lo respectivo al inventario de fábricas materiales, inventario de ornamentos, vasos sagrados y adornos de la iglesia, herramienta, muebles de casa de todos oficios, aperos de recua y labor en los siguientes años a el inventario que se dé en el orden indicado bastará con hacer una pequeña relación de lo que en cada una de estas partes se aumentó o disminuyó en el año pero en todo lo demás debe seguirse anualmente la correspondiente cuenta de productos así de los ramos expresados como de frutos de huertas, quesos y leche, como de lo demás que se produzca por toda faena de indios e indias, de modo que el superior gobierno y por sus partes S.M. tenga las debidas noticias del fomento y aumento de las misiones de la justa inversión de su interés.

17. Por el superior bando expedido por el Exmo. Sor. Dn. José de Gálvez en el Real de Santa Anna sur de esta península que se promulgó en dicho real y misiones de Sn. José, Santiago y Todos Santos se prohibió bajo de severas penas que ninguna persona de cualquier estado

carácter o condición que fuese, comerciase en modo alguno con la Nao de Filipinas que anteriormente hacía escala anualmente en el sirgidero de la citada misión de San José, por el Exmo Sor. Virrey difunto se reiteró su observancia y comunicaron sus superiores órdenes para que por ningún caso se permitiese entrase a bordo de dicha nao a ningún religioso y estando determinado por S.M. que la referida nao haga escala en sus viajes al puerto de Monterrey y San Francisco deberá celar el nuevo gobernador el más exacto cumplimiento de tan respetables órdenes sin permitir comercio ni extracción de dicha nao a tierra, ni menos pasar a bordo ningún religioso y como para evitar todo aviso de clandestina introducción está determinado por el Sor. Comandante General que del valor de las reses, carneros y otros efectos que por refresco se ministren a los comandantes de dichas naos se cobren por duplicado los recibos de su monto de los referidos comandantes y el uno se dirigirá para su cobro por la misma nao con oficio a oficiales reales de Acapulco para que sirviendo verificar el cobro, hagan la correspondiente entrada a la caja matriz de México deberá observarse puntualmente por el nuevo gobernador y anualmente se dará la entrada de estos productos en la cuenta particular que debe formar anualmente el habilitado y dirigirse por el gobernador con arreglo a lo que esta parte previene el reglamento de la península, debiendo acompañarse por comprobante de estas partidas en las cuentas respectivas el recibo duplicado quedando el habilitado con copia del mismo recibo visada o certificada por el gobernador para su constancia y precaver toda pérdida y como el citado superior orden original entregó previene la formación de un plan o proyecto de comercio entre esta península y las islas Filipinas estará entendido el nuevo gobernador que esta operación se efectuará por mí oportunamente.

18. Sobre el trato, manejo y correspondencia con los R.P. presidente y ministros de misiones nada hay que añadir a lo que de palabra tengo instruido al nuevo gobernador sino que conceptúo el más seguro método sobre una prudente política seguir el mismo órden que yo he practicado, huyendo todos los asuntos y ocasiones que puedan atraer discordias o desavenencias siendo en esto la más segura práctica desentenderse en todo lo que permita el asunto dando cuenta al superior gobierno de las que corresponde y merezca su determinación.– Paraje del Saucito a la salida del cajón de Santa Catarina. 7 de diciembre de 1782.– Felipe de Neve.– Es copia de su original. Paraje de la arruinada misión de la Concepción en el Río Colorado. 19 de septiembre de 1782.– Felipe de Neve.

Es copia: Chihuahua 4 de abril de 1805.– Bernardo Villamil.

ANEXO 6

INFORME DEL GOBERNADOR DE CALIFORNIAS. 1799

A.G.N., *Californias,* vol. 9, exp. 12, ff. 485-489.

No. 765. El gobernador de Californias informa sobre varios puntos de defensa de la nueva; sobre su población y sobre el comercio de que es susceptible

Exmo. Sor.– Cuando recibí el superior oficio de V.E. de 15 de julio último ya se hallaban alojadas las tropas que guarnecen el fuerte de S. Joaquín y batería de la Yerbabuena del puerto de S. Francisco en sus respectivos cuarteles compuestos provisionalmente por vía de fagina, en virtud de las órdenes que había yo dado anticipadamente y puesto en batería la artillería de sus dotaciones. El estado que incluyó a V.E. con el no. 1 acredita lo primero y supone lo segundo porque no se me ha dado parte de que cañón alguno esté fuera de servicio.

Habiendo llegado posteriormente a mi poder otro oficio a V.E. de 2 de agosto anterior con copia de lo que informó el Real Tribunal de Cuentas en vista de lo que representé en 2 y 18 de marzo del presente año No. 680 y 688 opinando no gradúa por necesario volver a construir las baterías, hacer lancha, reforzar las guarniciones, ni reformar la compañía de voluntarios, expondré como su superioridad se sirve ordenarme, cuanto conceptúe propio para ahorrar gastos a la Real Hacienda sin desatender en cuanto fuere posible a la defensa de la Nueva California.

Para que ésta quede a cubierto no bastan las actuales guarniciones auxiliadas de sus cortísimos vecindarios, no pudiéndose contar con los indios de misión porque hombres que no disfrutan de más propiedad que su fresada, cotón y taparrabo no es regular sacrifiquen su vida en defensa del país; a más de que si los enemigos, como era regular, les ofreciesen quitarlos de la sujeción de misiones abrazarían seguramente su partido y en lugar de sernos útiles nos causarían nuevos cuidados; porque aunque en lo general no manifiestan espíritu; no dejarían de alentarse para recobrar la libertad que suponen perdida.

En la distancia de 160 leguas que hay de S. Francisco a S. Diego existen 305 hombres suponiendo completas las compañías: a saber: 217 de caballería; 70 voluntarios y 18 artilleros. En un caso podrían ocurrir a la defensa de la costa de los 382 individuos de todas clases, edades y sexos; de gentes de razón que tenemos en los pueblos de S. José, Nra. Sra. de los Angeles y Villa de Branciforte. 75 hombres o mozos, a los que se podrán agregar 25 inválidos útiles, en todos ciento, resulta un total de 405 hombres, correspondiendo a cada cinco hombres dos leguas de costa.

Esta demostración acredita, en mi entender que la solicitud que hice sobre aumentar las fuerzas de la Nueva California estaba fundada. El oficio de 18 de marzo No. 688 manifiesta mi opinión sobre preferir el aumento de tropa de caballería a los gastos crecidísimos que originarían las fortificaciones de Sn. Francisco y sus respectivas guarniciones. En dicha solicitud no tenía otro objeto que el del verdadero servicio del Rey, porque al mismo tiempo supliqué a V.E. me concediese licencia para pasar a curarme a esa capital por la imposibilidad en que me hallaba y hallo de desempeñar este gobierno con la actividad que se requiere, o bien que se sirviese conferirme otro destino proporcionado a mis servicios, aptitud y estado de salud. Qusiera que mi corto talento me sugiriese medios para que la provincia pudiera ponerse a cubierto de toda hostilidad sin gravar al erario, pero no los hallo. Si no hay proporción para dotarla con más situado, siquiera empléese el gasto de los voluntarios en aumentar la tropa de caballería en los términos que manifiesta el adjunto estado No. 2, porque a la verdad en estos despoblados y con tantos puntos de desembarco poca utilidad producirá la infantería y mucho la caballería. En este caso podrían destinarse a la tropa de cuera los voluntarios que quisieren y fueren para el caso, dejando a los restantes cumplidos la libertad de quedarse en la clase de vecinos, o de regresarse a las provincias del virreinato, exceptuando a los casados con hijas del país que hubieren ofrecido domiciliarse en el cuando contrajeron matrimonio.

No convengo con la aserción del Sor. ministro que extendió el informe sobre que todas las posesiones extranjeras rindan provechos a sus soberanos y repúblicas. Muchas, muchísimas conservan con crecido gastos para evitar que otros pueblos las ocupen en perjuicio de su industria, navegación y comercio. Léase la historia de los establecimientos ultramarinos y otras y se verá ser cierto lo que digo. Parece que esta provincia está en el caso de que la nación no la abandone, por el recelo de que los ingleses se aposesionen con el tiempo y hagan escala para el comercio interlop con la Nueva España o con miras más extensas atendiendo a los establecimientos fuertes que tienen en la India, Bahía botánica y el que parece van fundando en las islas de Otayti. Sólo la Bahía botánica les cuesta anualmente sin sacar ventajas ningunas directas más de cien mil libras esterlinas que empleadas en efectos en Inglaterra equivalen en el día a un millón de pesos en América. Es verdad que han logrado se mantenga por sí y una población de seis mil almas, pero pasa de seis millones de pesos lo que ha costado la fundación de dicha colonia.

Siempre que la Nueva California no se pueble de gentes de razón industriosas, será una carga perpetua al estado. Con los indios no hay que contar, porque a más de ser de un carácter torpe, flojo, desidioso y abandonado por lo general, se exterminan conforme se van agregando a misiones. Los estados que para mayor instrucción del expediente paso a manos de V.E. correspondiente a fin de 98, número 3 y 4 lo manifiestan completamente. Por sus padres ministros se procuran instruir en la agricultura y otros pequeños ramos de industria, pero todo ello sirve para mantenerlos y medio cubrir sus carnes. Las gentes de castas son pocas y sólo se emplean en labrar la tierra para mantener de granos las compañías presidiales. El número de éstas, el de los indios y sus bienes de campo y cosechas se verán en el estado que con el mismo objeto dirijo a su superioridad con el no. 5. Desde fin de 94 hasta fin de 98 se han aumentado las gentes de castas de la Nueva California de 173 individuos incluyéndose en ellos voluntarios y artilleros y en la misma época se han aumentado los indios de misión de 3,914; pero examínense los estados para conocer la verdadera pérdida de esta clase.

Por dichos documentos se viene en pleno conocimiento del estado de la provincia para poderla fomentar. A más de lo que en ellos consta se pudiera extraer anualmente según el estado presente, mil a dos mil arrobas de harina flor y de un cedazo; tres o cuatro mil arrobas de unto y dos o tres mil pieles de nutria siempre que se pagasen a más de tres pesos cada una, porque a este precio las tienen contratadas las misiones dominicas que son las que más recogen, con un comerciante de Filipinas o de esa capital según se me ha informado. Con el tiempo y con más pueble pudieran extraerse cueros curtidos en crecido número: bastante cáñamo en rama para el apostadero de San Blas, vino y aguardiente pues se van aplicando a la viñería y conchas particulares. Se entiende que estos artículos podrían salir por mar siempre que de las provincias del virreynato de Nueva España o de las del Perú y aun de nuestras islas Filipinas emprendiesen este giro los particulares, porque no hay esperanza de que las Misiones o los infelices actuales vecinos emprendan este giro; aquéllas porque no es propio del instituto de sus actuales administradores temporales esta clase de negocios, aunque unidos sus fondos pudieran acaso proporcionarlo y éstos por no tener ningunos ni inteligencia. Por consecuencia considero infructuosa la embarcación que se propone franquear a unos y a otros. Si esto se ejecutara con algunos comerciantes de San Blas o de Tepic acaso abrazarían la proposición y verificado el giro, resultaría en beneficio de estos establecimientos.

En el manejo interior de misiones nada ejecuta ni manda el gobernador; lo que únicamente hace es estimular cuando concurre con sus padres ministros a que apliquen sus indios a los varios ramos de industria que ofrece la península y como llevo dicho lo verifican según lo permiten las circunstancias de cada misión y la índole de sus neófitos. Con los pocos vecinos tiene otra autoridad y ha logrado sin embargo de su desidia a que provean de semillas a los presidios sin la necesidad de ocurrir como antes a las misiones: a que fabriquen todo el jabón que se consume en la Alta California, que antes se conducía de Sn. Blas: a que curtan regularmente los cueros de res y a que se instruyan algunos en el beneficio del cáñamo hasta ponerlo en estado de entregarse en los arsenales. Ni hay gente en el día para más ni fuerzas para emprender cosa alguna de importancia.

Si son trabas para el progreso de la industria los aranceles, V.E. a quien se los tengo remitidos se servirá resolver lo que convenga, atendiendo a las circunstancias en que se halla la provincia. Los primeros se formaron acaso por V.E. mismo cuando el Exmo. Sor. marqués de Sonora vino a la Antigua California; los segundos para aquella y ésta, por el gobernador Dn. Felipe Neve y los terceros que hoy rigen por su sucesor Dn. Pedro Fages, sin que en el tiempo de Dn. José Romeu, Dn. José Joaquín de Arrillaga y mío se haya hecho variación alguna en ellos, sin embargo de estar todos autorizados para ejecutarlo.

No es tan fácil como se supone el sacar a los gentiles de sus sierras, barrancas y otros terrenos para hacerlos labradores, artesanos y marineros. Las misiones los recogen poco a poco en fuerza del amor que tienen a sus parientes establecidos en ellas y a fuerza de darles que comer y de gastar con ellos en frezadas, cotones y taparrabos. Pudiera verificarse la idea si como antiguamente se hacían las conquistas se dieran las encomiendas a los conquistadores y hubiere en estos establecimientos sujetos en estado de sufrir los primeros gastos. Ni aquella idea tan alabada de nuestro sabio el Exmo. Sor. Campomanes está en práctica, ni aquí hay quien la pueda poner. Es indispensable gastar en atraerlos, en mantenerlos el primer año hasta que alcen cosechas; en suministrarles algunas frezadas para cubrir sus carnes que es lo primero que exige todo gentil que quiere reducirse a sociedad y en los instrumentos precisos de labranza con cierto número de bueyes: a más de para cada población se necesitaba de cuatro o seis soldados que cuidasen de mantenerlos en orden y de enseñarlos a trabajar. Sin estos auxilios no hay que pensar en este género de reducciones.

V.E. mejor que nadie sabe cuantos auxilios franqueó el Grande Federico a los extranjeros que atrajo a sus estados para hacerlos desde luego vasallos contribuyentes y ha visto los que se dieron a los alemanes que poblaron a Sierra–Morena, prescindiendo de los gastos de su enganche y transporte. ¿Si sólo de este modo se han podido hacer poblaciones tratando con gente racional y culta, cuánto más habrá que trabajar con indios flojos, desidiosos e independientes de toda superioridad? Yo quisiera hallar arbitrios para que sin gastos del erario se verificara la idea propuesta por el Sr. ministro del tribunal de cuentas, pero por más que he meditado el asunto no la encuentro.

Es cuanto me ocurre que informar a V.E. cumpliendo con su superior mandato.

Dios gue. a V.E. muchos años.– San Diego 14 de Noviembre de 1799.– Exmo. Sr. Diego de Borica.– Exmo. Sor. Dn. Miguel José de Azanza.

INDICE ANALITICO

A

B

C

CH

D

E

F

J

L

LL

M

S

T

Y

Z

Este facsimilar de
Notas sobre sirvientes de las Californias y proyecto de obraje en Nuevo México
es propiedad de El Colegio de México
y se terminó de imprimir en Librántida bajo el modelo de distribución bajo demanda.
www.librantida.com